首批国家级职业教育教师教学创新团队“新形态教材改革系列”之十三
新时代新理念职业教育教材 · 物流类
新型活页式融媒体教材

Python 程序设计案例教程

彭宇林　覃贵礼　主编

（扫描二维码，获取配套数字资源）

北京交通大学出版社
· 北京 ·

内 容 简 介

本书对接高职院校物流工程技术专业建设，是为深化职业教育“三教”改革而探索、开发的与高职物流类工程技术人才培养相适应的项目化、模块化的 Python 程序设计基础案例教程。

本书根据高职物流工程技术人才培养需要而编写。全书共 7 个项目，14 个任务，将 Python 编程语言涵盖的 Python 程序设计基础知识、基本数据类型与表达式、程序的基本控制结构、组合数据类型、函数等内容融入项目任务。本书通过项目任务深入浅出、循序渐进地讲解 Python 编程基础知识及其在实际项目中的应用，结合典型例题、实际应用及适量习题等强化学习效果。

本书可作为高职院校物流工程等专业 Python 程序设计课程的入门教材。

图书在版编目（CIP）数据

Python 程序设计案例教程 / 彭宇林，覃贵礼主编. —北京：北京交通大学出版社，2022.10

ISBN 978-7-5121-4802-4

Ⅰ. ① P… Ⅱ. ① 彭… ② 覃… Ⅲ. ① 软件工具－程序设计－高等职业教育－教材 Ⅳ. ① TP311.561

中国版本图书馆 CIP 数据核字（2022）第 174980 号

Python 程序设计案例教程
Python CHENGXU SHEJI ANLI JIAOCHENG

策划编辑：李运文　　责任编辑：陈跃琴
出版发行：北京交通大学出版社　　电话：010-51686414　　http://www.bjtup.com.cn
地　　址：北京市海淀区高梁桥斜街 44 号　　邮编：100044
印 刷 者：艺堂印刷（天津）有限公司
经　　销：全国新华书店
开　　本：185 mm×260 mm　　印张：10.5　　字数：262 千字
版 印 次：2022 年 10 月第 1 版　　2022 年 10 月第 1 次印刷
印　　数：1～2 000 册　　定价：45.00 元

本书如有质量问题，请向北京交通大学出版社质监组反映。对您的意见和批评，我们表示欢迎和感谢。
投诉电话：010-51686043，51686008；传真：010-62225406；E-mail：press@bjtu.edu.cn。

前　言

近年来，我国物流业发展日新月异，目前已成为国家层面的重要产业。在大数据背景下，智慧物流是物流业未来发展的趋势。虚拟仿真技术、物联网技术、数据处理与应用技术等也是物流工程技术人员必须储备的知识。

本书对接高职院校物流工程技术专业建设，是为深化职业教育“三教”改革而探索、开发的与高职物流类工程技术人才培养相适应的项目化、模块化的 Python 程序设计基础案例教程。

本书根据高职物流工程技术人才培养目标的要求，考虑高职学生的学习特点而编写。全书共 7 个项目，14 个任务，将 Python 编程语言涵盖的程序设计基础知识、基本数据类型与表达式、程序的基本控制结构、组合数据类型、函数等内容融入项目任务。本书通过项目任务深入浅出、循序渐进地学习 Python 基础知识及其在物流系统设计方面的应用，结合典型例题、实例应用、适量习题等强化学习效果。本书为高职院校物流工程等专业 Python 程序设计课程的入门教材。

本书由彭宇林、覃贵礼担任主编。编写分工如下：彭宇林编写项目 3~6，覃贵礼编写项目 1、项目 2、项目 7，全书由彭宇林统稿。本书在编写过程中还得到了许多专家学者的帮助和支持，在此表示衷心感谢。

本书提供了 PPT 课件、案例程序、案例文档等电子资源，读者可扫描二维码下载使用。

由于编者水平有限，书中难免存在疏漏和不足之处，敬请广大读者批评指正。

编　者

2022 年 5 月

目　录

项目 1

学生信息界面设计

Python 是一种解释型、面向对象、动态数据类型的高级程序设计语言，具有开源免费、语法简单、可读性强、面向对象、能跨平台、功能强大和可扩展性强等优点。在本项目中，将学习 Python 的发展和特点、Python 的程序结构，以及 Python 运行环境的搭建等。

任务 1.1　学生信息界面程序结构分析

1.1.1　任务分析

在信息高速发展的时代，我们日常使用的众多软件通常都需要输入、输出一些数据信息，如姓名、性别、年龄、电话号码和家庭地址等，图 1－1 为采用 Python 程序输出学生信息的界面。试分析实现该信息界面的程序结构，以及程序中包含哪些内容。

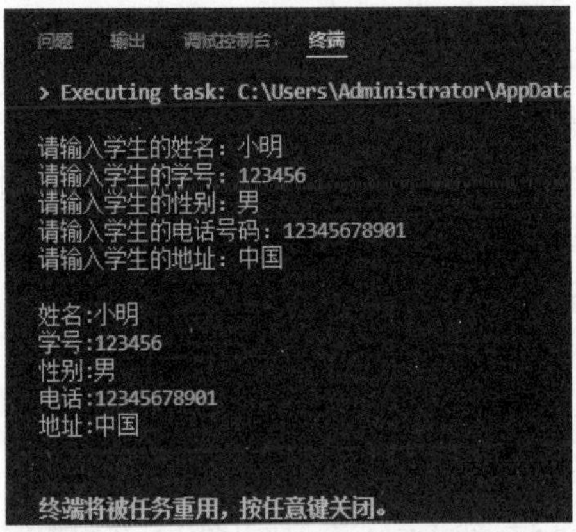

图 1－1　学生信息界面

从图 1－1 可以看到，该信息界面分别包含输入和输出两部分信息：

① 输入学生的姓名、学号、性别、电话号码和地址；

② 将输入的相关信息输出到屏幕上。

1.1.2　相关知识

1. Python 语言的发展历史

Python 英文原意为“蟒蛇”，Python 语言由荷兰数学和计算机科学研究学会的 Guido van Rossum 于 20 世纪 90 年代初设计，该语言是在 ABC 语言的基础上设计发展而来的，并作为 ABC 语言的替代品推出。

1991 年，Python 第一个公开发行版问世。2017 年，在 IEEE Spectrum 发布的年度编程语言排行榜中，Python 位居第 1 位。2021 年 10 月，TIOBE 将 Python 加冕为最受欢迎的编程语言，近年来其受欢迎程度超过了 Java、C 和 JavaScript 语言。

2. Python 语言的特点

Python 语言是一种免费开源、面向对象、解释型、交互式的高级编程语言。它具有以下优点：

① 简洁易读，易学易维护。Python 语言具有相对较少的关键字，结构简单。它采用强制缩进的风格，使得代码具有较好的可读性。它的代码定义清晰，易学易上手，让编程人员能够专注于解决实际问题，而不用去弄明白语言本身。它提供有简单的说明文档，使得 Python 程序维护起来更加方便。

② 丰富的库。Python 语言的最大优势之一就是具有丰富的库，跨平台（如 Windows、Linux、Mac OS 等），兼容性好。

③ 面向对象。Python 是完全面向对象的语言，既支持面向过程的编程，也支持面向对象的编程。它完全支持继承、重载、派生、多继承，有利于增强源代码的复用性。

④ 可移植性。基于 Python 免费开源的特性，它已经被移植到许多平台上使用，例如 Windows、Linux、Mac OS 等。

⑤ 解释性。采用编译性语言（如 C 语言）编写的源程序需要通过编译转换为计算机使用的语言（二进制代码），而采用 Python 语言编写的源程序不需要编译成二进制代码，可通过连接或转载器软件，直接将程序复制到内存中运行。

⑥ 交互性。Python 语言支持交互式测试和调试代码片段，即从交互式终端输入执行代码，并获得输出结果。

⑦ 可扩充性。如果希望一段关键代码运行得更快，或者希望不开放某些关键算法，可使用 C 或 C++编写那部分程序，然后在 Python 程序中调用即可，这种可扩充性是其他编程语言不具备的。

⑧ 可嵌入性。Python 可嵌入到 C/C++程序中，并向程序用户提供脚本功能。

3. 初识 Python 语言程序

下面通过一个简单的 Python 程序，分析说明 Python 源程序的结构特点和书写方式。

【例 1.1】在计算机屏幕上输出“Hello Python World!”。

解：代码清单如下：

```
print("Hello Python World!")
```

程序运行结果如图 1－2 所示。

图 1－2　例 1.1 的程序运行结果

【说明】上述程序是一个极为简单的程序，只有一个调用 print()函数语句。print()函数是 Python 的一个内置函数，其功能是将需要输出的内容显示在计算机屏幕上。

下面介绍一个相对复杂的 Python 程序。

【例 1.2】从键盘输入两个整数，并在计算机屏幕上输出这两个数和它们的和。

解：代码清单如下：

```
x = input("请输入一个整数:")        # 定义变量 x,存放键盘输入值
y = input("请输入另一个整数:")      # 定义变量 y,存放键盘输入值
x = int(x)                          # 将 string 类型的 x 值转换为整型值
y = int(y)                          # 将 string 类型的 y 值转换为整型值
sum = x + y                         # 定义量 sum,存放 x、y 的和
print("x=%d,y=%d,sum=%d\n"%(x,y,sum))    # 打印输出 x、y 和 sum
```

程序运行结果如图 1－3 所示。

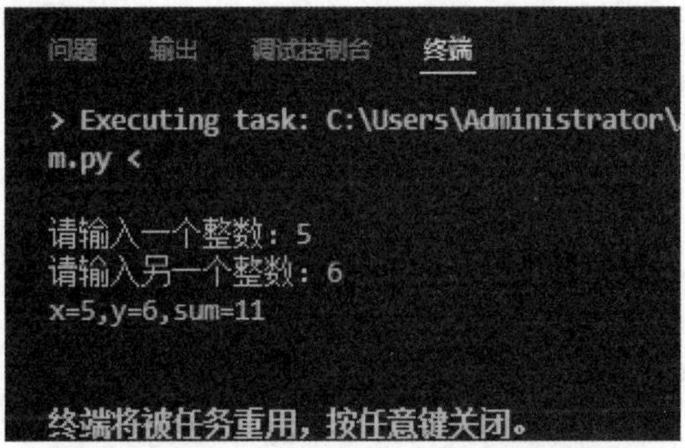

图 1－3 例 1.2 的程序运行结果

【说明】

- 程序中第 1 行和第 2 行为分别定义 2 个变量 x、y，用于存放键盘输入的 string 类型（即字符串类型）值；第 3 行和第 4 行分别将 string 类型值强制转换为 int 类型（即整型）值；第 5 行为求两个整数的和，存放到变量 sum 中；第 6 行为在计算机屏幕打印输出 2 个变量的整型值及它们的和。
- “#”后面内容为注释性内容。注释在程序中只起说明作用，不被执行，可以放在程序的任何位置，其内容可以是任意字符。
- input()函数与 print()函数一样，都是 Python 的内置函数。input()函数的功能是接收一个标准输入数据，并将输入默认作为字符串处理，返回 string 类型的值。在后续学习中，将详细介绍 print()函数和 input()函数的具体用法。

1.1.3 任务实施

1. 学生信息界面的 Python 程序代码

以下是实现本任务的学生信息界面的 Python 程序代码，程序运行结果如图 1 – 1 所示。

```
stu_name = input("请输入学生的姓名:")          # 输入姓名
stu_number = input("请输入学生的学号:")        # 输入学号
stu_sex = input("请输入学生的性别:")           # 输入性别
phone = input("请输入学生的电话号码:")         # 输入电话号码
address = input("请输入学生的地址:")           # 输入地址
print("\n 姓名:" + stu_name)                   # 打印输出姓名
print("学号:" + stu_number)                    # 打印输出学号
print("性别:" + stu_sex)                       # 打印输出性别
print("电话:" + phone)                         # 打印输出电话号码
print("地址:" + address + "\n")                # 打印输出地址
```

2. 分析学生信息界面的程序结构

试分析上述 Python 程序代码的结构及其功能。

1.1.4 知识拓展

1. print()函数

print()函数是 Python 的一个内置函数，是 Python 中最常用的函数之一，它主要用于输出信息到屏幕，print()函数总是默认换行。

1）print()函数的语法格式

```
print(*objects,sep=' ',end='\n',file=sys.stdout,flush=False)
```

【参数说明】

- objects：表示输出的对象。当需要输出多个对象时，需要用逗号（,）分隔。
- sep：用于间隔多个对象，默认值是一个空格。
- end：用于设定输出以什么结束。默认值为换行符“\n”，也可换成其他字符串。
- file：要将输出内容写入的文件对象。
- flush：输出是否被缓存，通常决定于 file。但如果 flush 为 True，输出流会被强制刷新。

2）print()函数的常见用法

（1）直接输出数值、字符串。

① 直接输出整型数值，例如：

```
print(3)
```

② 直接输出浮点型数值，例如：

```
print(3.14)
```

③ 直接输出字符串，例如：

```
print("Hello Python World!")
```

（2）一次输出多个对象，例如：

```
print(3, "Hello Python World!")
```

（3）直接输出变量（包括数值型、布尔型、列表变量、字典变量等）。

直接输出数值变量：

```
num = 10
print(num)
```

直接输出字符串变量：

```
str = "Hello Python World! "
print(str)
```

3）print()函数的格式化输出

在 Python 语言中，使用 print()函数可以实现数据的格式化输出，例如：

```
PI = 3.141592653
print("%-10.3f"%PI)
```

其中，第 1 个“%”为操作符，用于格式化字符串操作，与其后的“－10.3f”组成格式化字符。对于“－10.3f”，10 为指定宽度，3 为显示数据的精度，对于变量 PI，按此格式显示时需要在左边补 5 个空格。负号“－”为转换标志，表示左对齐，如果是正号“+”，则表示在正数前面显示“+”。第 2 个“%”为分隔符，用于分隔格式化字符与需要输出的变量 PI。

格式化字符为真实值预留位置，用于控制显示的类型格式，格式化字符如表 1－1 所示。

表 1－1 格式化字符

符　号	功能描述
%c	格式化字符及其 ASCII 码
%s	格式化字符串
%d	格式化整数

续表

符　　号	功能描述
%u	格式化无符号整型
%o	格式化无符号八进制数
%x	格式化无符号十六进制数
%X	格式化无符号十六进制数（大写）
%f	格式化浮点数字，可指定小数点后的精度
%e	用科学记数法格式化浮点数
%E	作用同“%e”，用科学记数法格式化浮点数
%g	“%f”和“%e”的简写
%G	“%f”和“%E”的简写
%p	用十六进制数格式化变量的地址
%%	表示输出一个%

2. input()函数

input()函数也是 Python 的一个内置函数，也是最常用的函数之一，它主要用于获取用户输入的数据，返回数据的类型为 string。

1）input()函数的语法格式

```
input([prompt])
```

【参数说明】

➢ prompt：提示信息

2）input()函数的用法

（1）一次输入一个变量值，例如：

```
name = input("请输入姓名:")
```

（2）一次输入多个变量值，例如：

```
a,b,c = input("以空格隔开").split()
a,b,c = input("以逗号隔开").split(",")
```

（3）将输入结果强制类型转换。无论输入的是数字还是字符串，默认按回车键结束，返回字符串。当希望输入得到的结果为一个整数或者浮点数时，则需要将输入结果进行强制类型转换。例如：

```
height = int(input("请问您的身高:"))
height = float(input("请问您的身高:"))
```

3. 代码注释规范

代码注释是程序文档的组成部分。随着程序文档中代码行数不断增加，为便于代码的后期维护，可以用注释对代码行做一些简单文字说明，也可通过注释的形式跳过某部分临时不需要执行的代码。在程序文档中，被注释的说明文字或代码行，在执行程序时，均不被运行。在 Python 程序中，通过“ # ”来注释说明文字或不需要运行的代码，有以下几种形式。

1）当行注释

在任何代码行前面加上“#”可把该行变成一个注释行。例如：

```
# 这是一个 Python 程序注释
print("Hello Python World!")
```

上述 2 个代码行中，第 1 行为当行注释。注意，“#”后需空一格。

2）行末注释

当对某个程序语句注释时，可将注释放在代码行的最后，注释从“#”开始，“#”之前的所有内容属于正常的代码，“#”之后的所有内容则为注释。例如：

```
name = input("请输入您的姓名:")    # 输入姓名
```

注意：“#”后需空一格，行末注释至少需要使用两个空格与语句分隔。

3）多行注释

当需要对多个代码行进行注释时，可在每个代码行前面加“#”注释，还可使用英文状态（即半角字符状态）下的 3 个单引号（'''）或 3 个双引号（"""）将注释的代码段包围起来，即在代码段的开头和结尾使用“'''”或 “"""”注释，首行不换行，如果有多行，末行必须换行。例如：

（1）使用“#”进行多行注释。

```
# ******************
# 程序名:XXXXX
# 作者:XXX
# 编写日期:XXXX 年 XX 月 XX 日
# 更新日期:XXXX 年 XX 月 XX 日
# ******************
```

（2）使用“"""”或“'''”进行单行注释。

```
''' 代码段 '''
```

或者：

```
""" 代码段 """
```

（3）使用“"""”进行多行注释。

```
"""  ******************
程序名:XXXXX
```

```
作者:XXX
编写日期:XXXX 年 XX 月 XX 日
更新日期:XXXX 年 XX 月 XX 日
******************
"""
```

（4）注释程序。

在调试程序时，通常只希望运行某些部分的程序而忽略其他部分的程序，被忽略的程序部分可采用注释形式实现。对单行程序，可在被忽略的代码行前加“#”注释；对多行程序，可在被忽略的代码段开头和结尾用“"""”注释。例如：

```
# print("Hello Python World!")
```

或者：

```
"""
phone = input("请输入学生的电话号码:")
address = input("请输入学生的地址:")
"""
```

1.1.5 练习题

1. 根据你所学的知识，写出 Python 语言的主要特点。
2. 试分析以下 Python 程序的结构。

```
x = int(input("请输入一个整数:"))
y = int(input("请输入另一个整数:"))
pro = x * y
print ("x=%d, y=%d, pro=%d\n"% (x, y, pro))
```

3. 写出从键盘上输入两个整数的 Python 语句。
4. 写出在屏幕上输出一个整数、一个浮点数，以及一个字符串的 Python 语句。

任务1.2　学生信息界面程序设计

1.2.1　任务分析

通过任务1.1的学习，我们对Python的程序结构有了一定了解。本任务将在任务1.1的基础上，输出更多的学生信息，例如学生的姓名、学号、专业、班级、性别、年龄、电话号码和家庭地址等，并采用Python语言实现输出学生信息界面的程序设计。程序运行结果如图1－4所示。

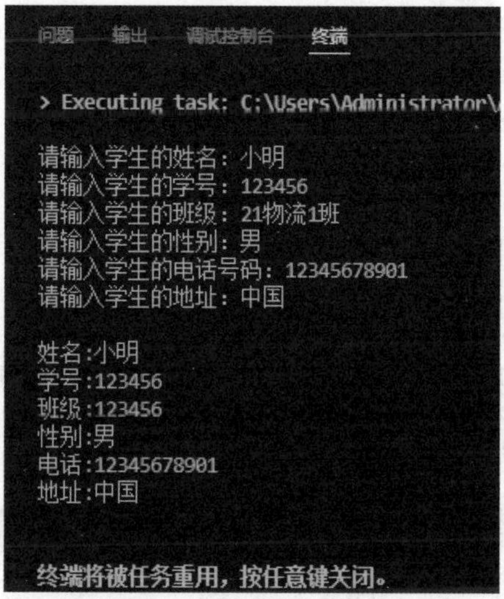

图1－4　程序运行结果

1.2.2　相关知识

1. 在Windows系统中搭建Python编程环境

Python是一种跨平台的编程语言，可在主流操作系统（如Windows、Linux、Mac OS）中运行。本书所有程序均在Windows 10 64位系统下运行。Windows系统中并非默认安装了Python，所以需要先检查Windows系统中是否安装有Windows版本的Python，如果没有，则到Python官方网站下载Windows Python安装程序。

1）下载、安装Python

访问Python官方网站（https：//www.python.org/downloads）单击“Download”按钮下载最新版本的Python安装程序，本书选用的Python版本为python－3.9.1－amd 64.exe。Python安装步骤如下：

① 下载完成后，双击 Python 安装程序，单击“Install Now”按默认路径进行安装。安装时，务必选中复选框“Add Python 3.9 to PATH”，如图 1－5 所示。此操作自动将 PATH 添加到系统 path 环境变量中，避免了手动设置 path 的麻烦。

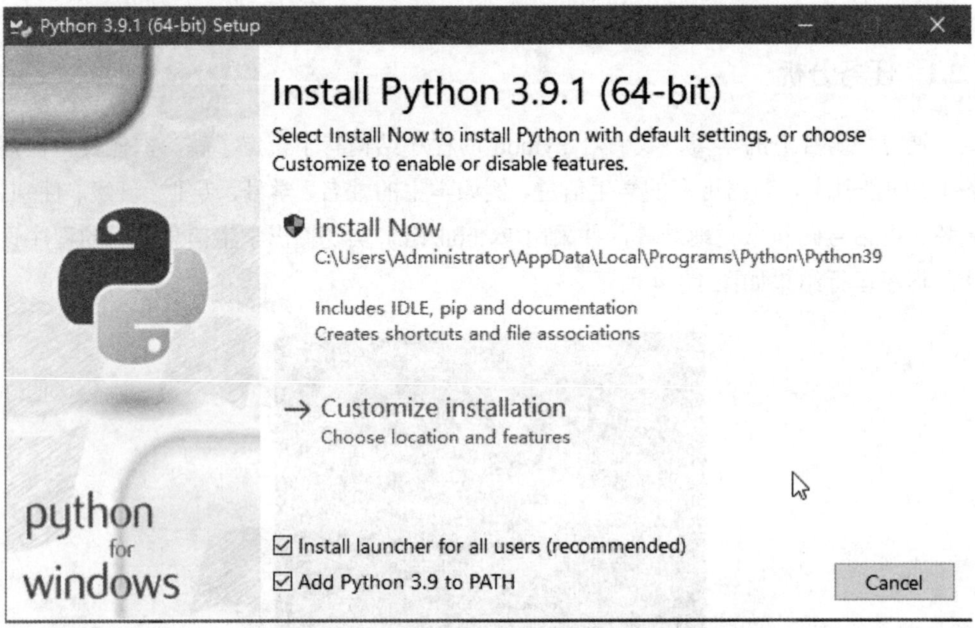

图 1－5　选中复选框“Add Python 3.9 to PATH”

② Python 的安装过程如图 1－6 所示。

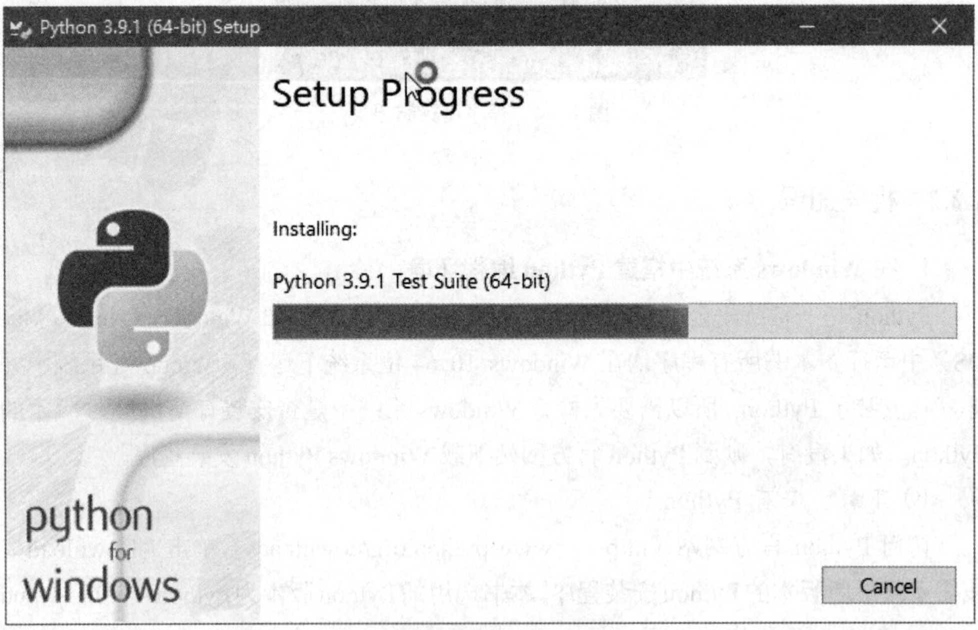

图 1－6　Python 的安装过程

③ Python 安装完成后，界面如图 1 – 7 所示。

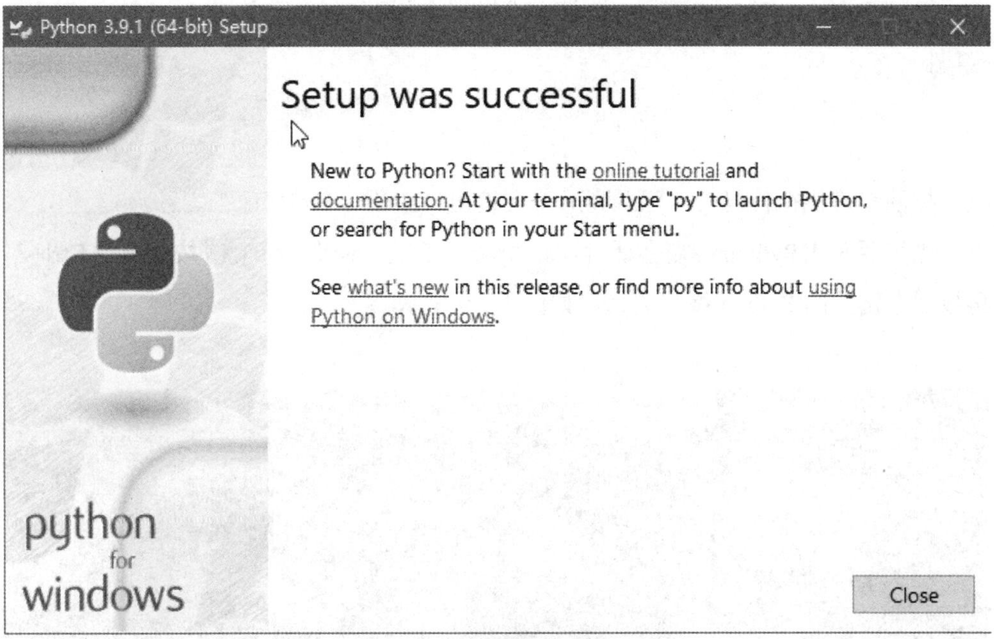

图 1 – 7　Python 安装完成

2）验证 Python 安装

Python 安装完成后，按下快捷键 Win+R，在弹出的“运行”对话框中输入“cmd”，按回车键打开命令窗口。在命令窗口中输入命令“python”，按回车键启动 Python 终端会话。如果出现如图 1 – 8 所示的信息，说明 Python 安装成功。如果输出如下信息：

```
'python'不是内部或外部命令，也不是可运行的程序或批处理文件。
```

则说明安装 Python 时未选中“Add Python 3.9 to PATH”复选框，需要手动将 Python 的安装路径（即 python.exe 的路径）添加到 path 环境变量中，或卸载 Python 后重新安装。

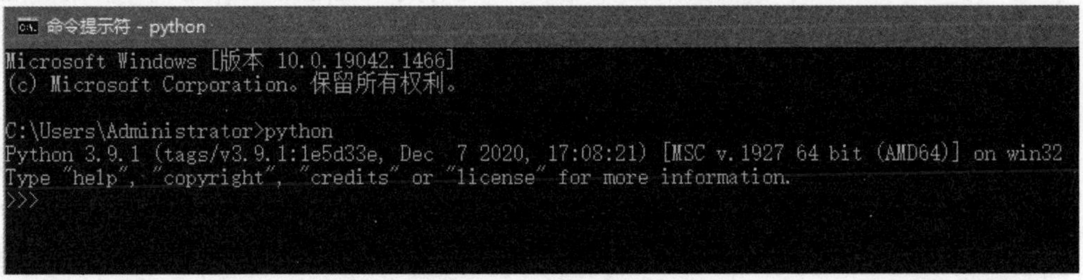

图 1 – 8　Python 安装成功

3）从交互式终端运行 Python 代码

验证 Python 安装成功后，在交互式终端会话窗口的“>>>”后可输入 Python 代码：

```
print（"Hello，World！"）
```

按回车键执行代码后，可看到屏幕上输出“Hello，World！”信息。

当需要关闭Python终端会话时，在“>>>”后输入命令exit()，或按快捷键Ctrl+Z，再按回车键关闭 Python 终端会话，如图 1－9 所示。

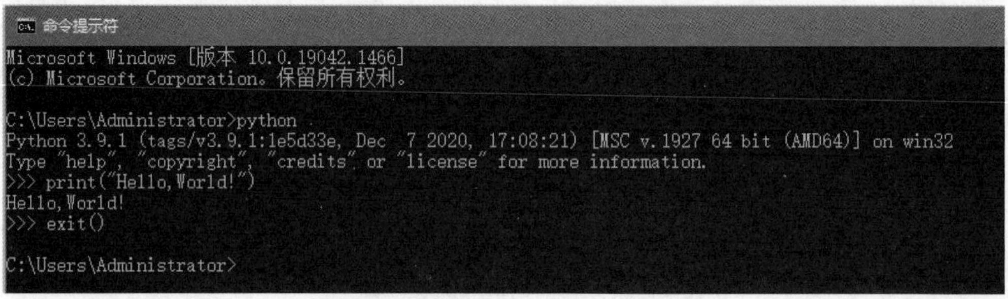

图 1－9　关闭 Python 终端会话

当然，在后续学习中不可能一直在这个命令行窗口写代码。为方便编写、调试代码，需要另外安装一个代码编辑器。下面介绍如何安装使用 Visual Studio Code 编辑器，并在编辑器中搭建 Python 开发环境。

2. 用 Visual Studio Code 搭建 Python 开发环境

Visual Studio Code（简称 VS Code）是 Microsoft 公司 2015 年 4 月发布的，适用于 Windows、Linux 和 Mac OS X 等不同操作系统的，针对编写现代 Web 和云应用的跨平台源代码编辑器。Visual Studio Code 是程序员常用的代码编辑器之一，该编辑器具有对 JavaScript、TypeScript 和 Node.js 的内置支持，具有丰富的编程语言（如 C++，C#，Java，Python，PHP，Go）和运行时（如.NET 和 Unity）扩展的生态系统。下面以 Windows 64 位操作系统为例，介绍如何下载、安装和使用 Visual Studio Code。

1）下载 Visual Studio Code

Visual Studio Code 可通过官方网站（如图 1－10 所示）下载。官方网站地址为 https：//code.visualstudio.com/。

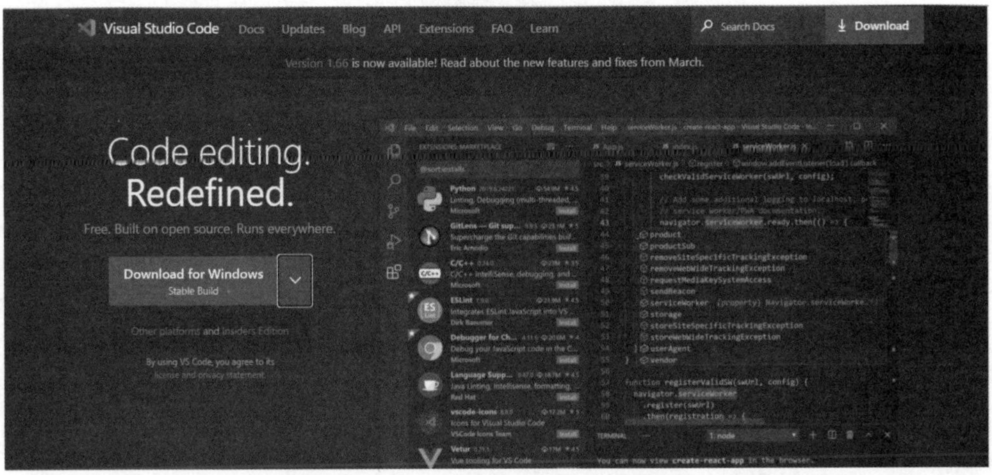

图 1－10　Visual Studio Code 官方网站

登录官方网站后，单击页面右上角的“Download”按钮，进入软件下载页面（如图 1－11 所示），读者可选择下载适用于自己操作系统（如 Windows、Linux、Mac OS 操作系统）的版本，图 1－12 为 Windows 版本 Visual Studio Code 下载选项。

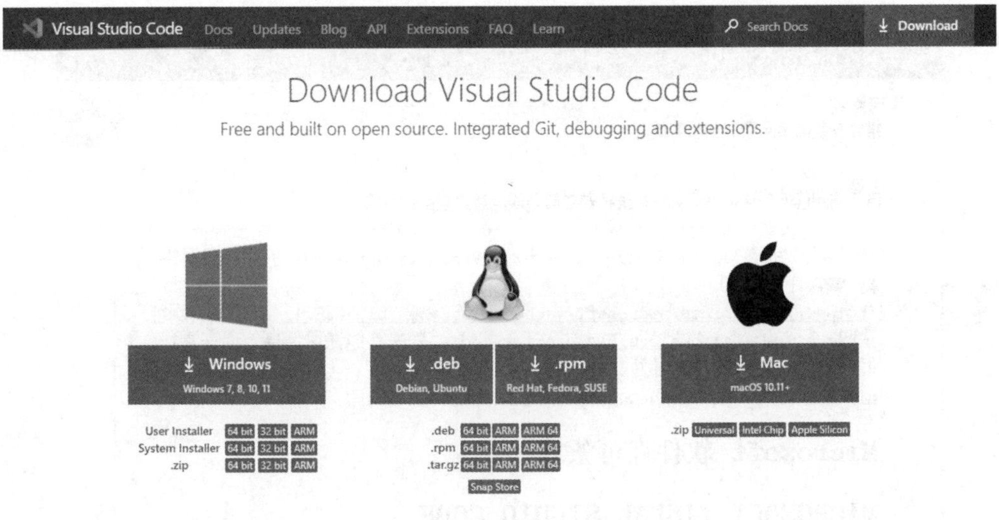

图 1－11　Visual Studio Code 官方网站下载页面

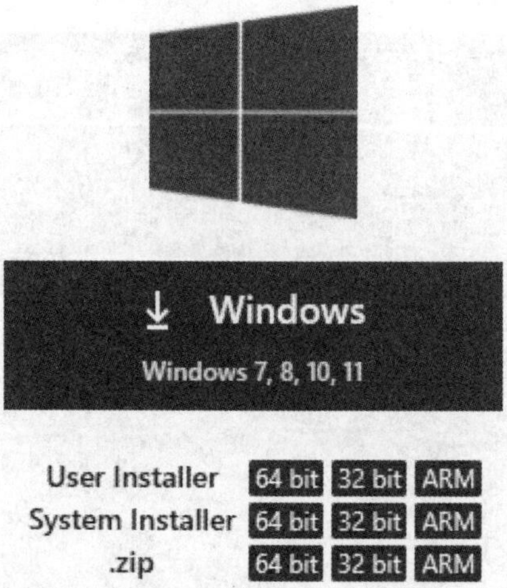

图 1 – 12　Windows 版本 Visual Studio Code 下载选项

2）安装 Visual Studio Code

下载 Visual Studio Code 安装程序后，双击可执行文件（本书选用 VSCodeUser Setup – x64 – 1.63.2.exe）安装 Visual Studio Code。读者可根据安装程序提示及个人需要在如图 1 – 13～图 1 – 19 所示的界面中进行选择，直至完成安装。图 1 – 20 是 Visual Studio Code 启动初始界面。

图 1 – 13　许可协议界面

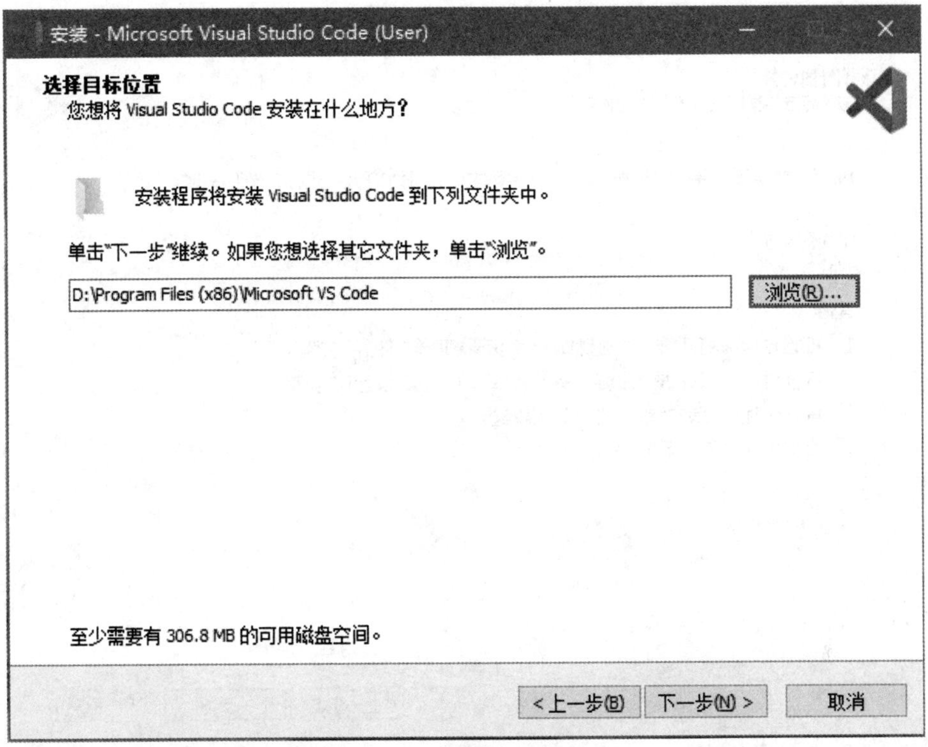

图 1 – 14　选择目标位置界面

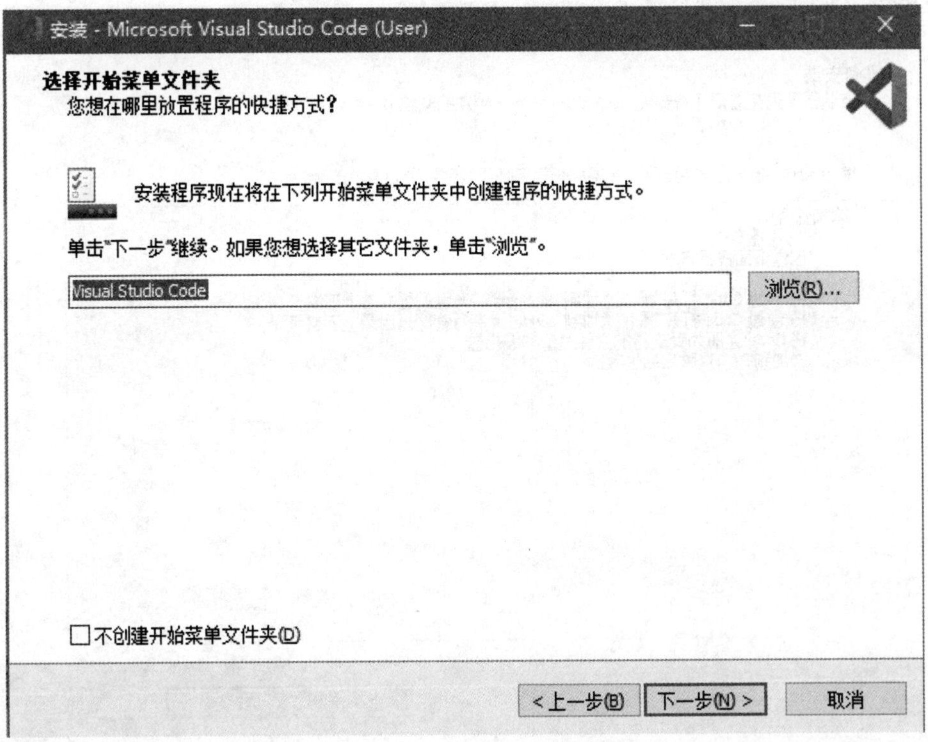

图 1 – 15　选择开始菜单文件夹界面

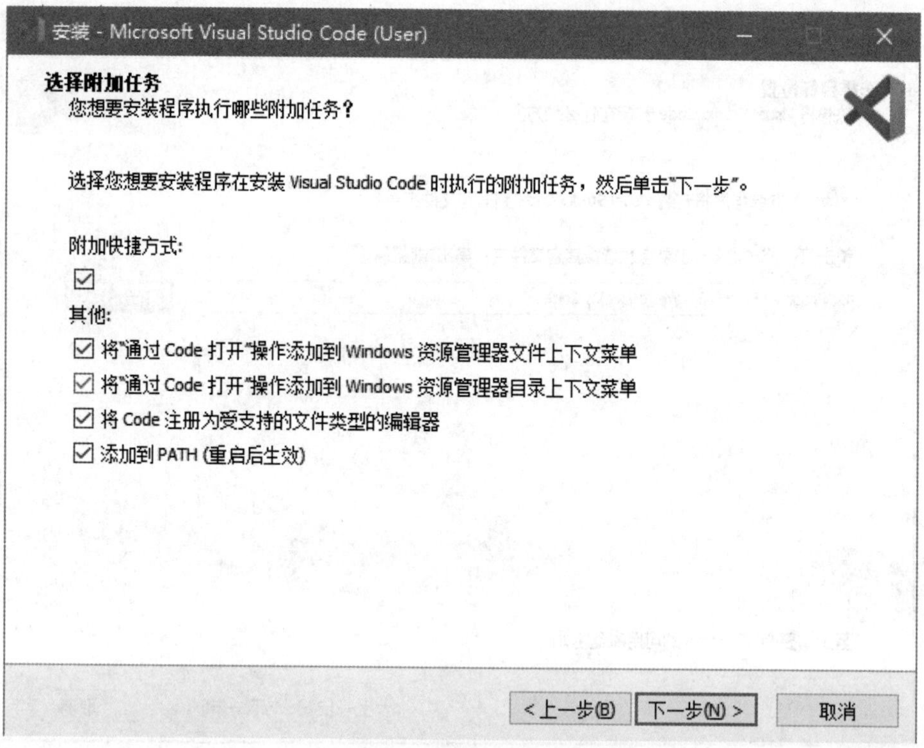

图 1 – 16　选择附加任务界面

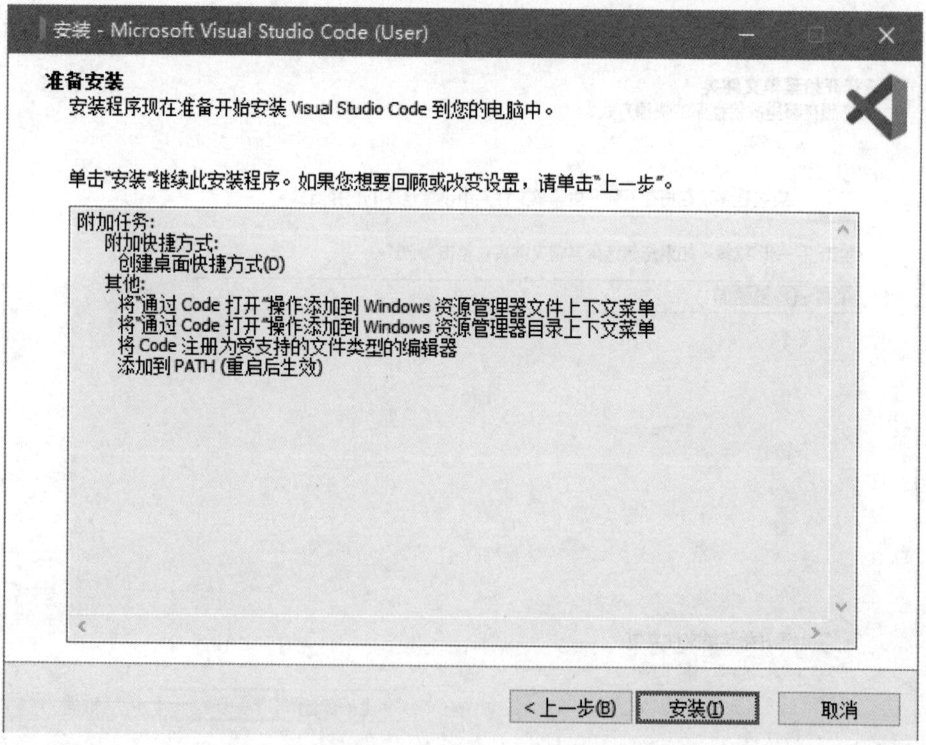

图 1 – 17　准备安装界面

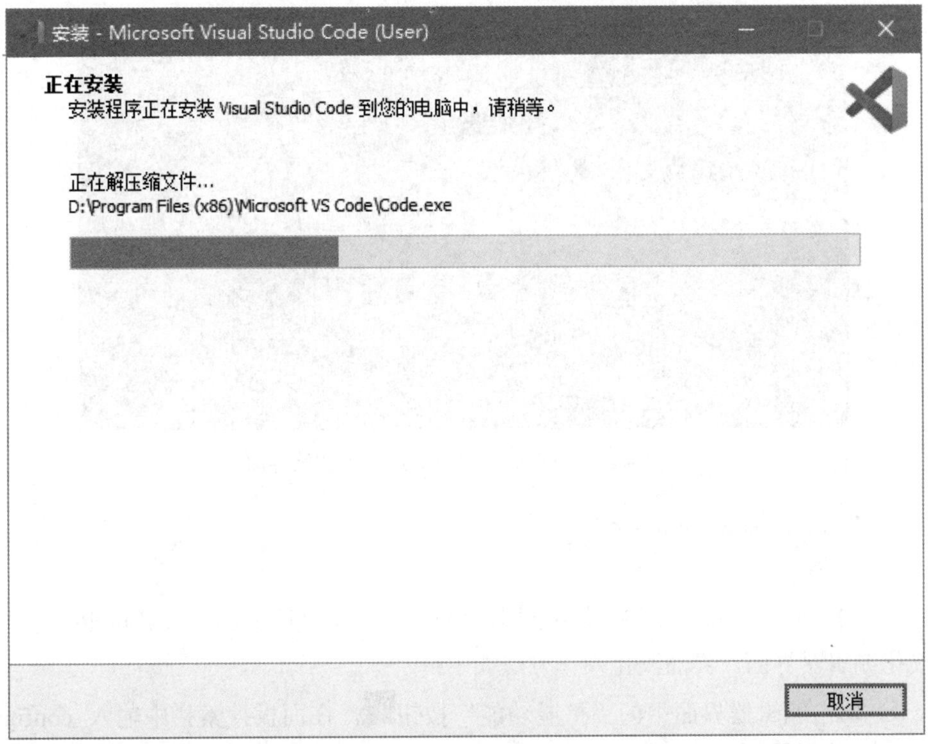

图 1－18　正在安装界面

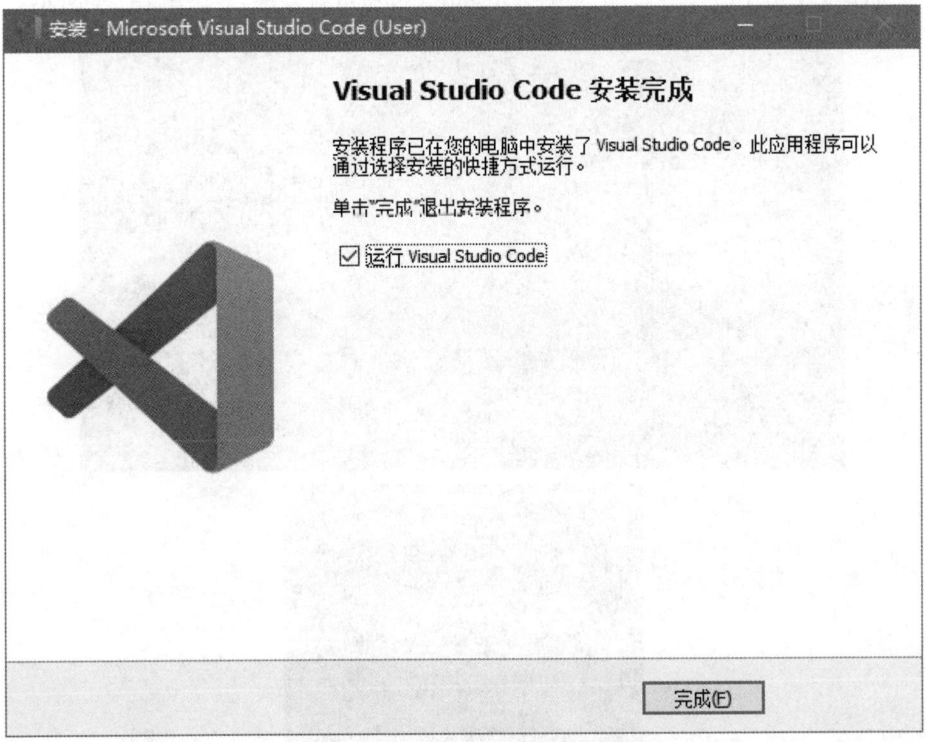

图 1－19　Visual Studio Code 安装完成界面

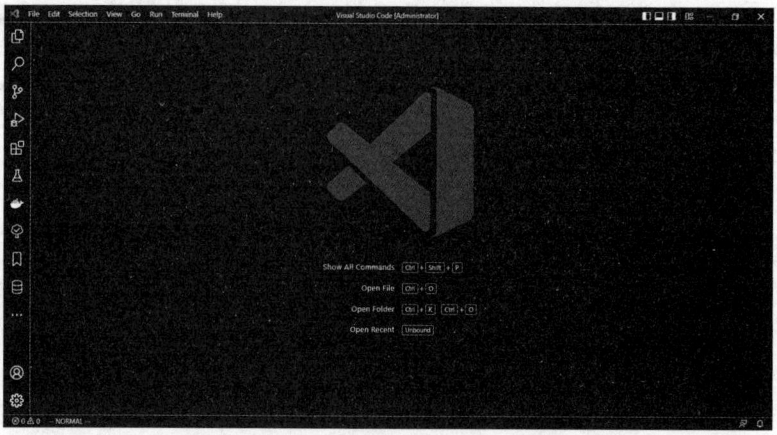

图 1－20　Visual Studio Code 启动初始界面

3）配置 Visual Studio Code

（1）安装汉化界面插件。

Visual Studio Code 安装后的编辑器界面默认为英文版界面，读者可根据个人习惯汉化编辑器界面。界面汉化操作方法如下：

① 单击编辑器界面中的“扩展功能”按钮，在面板搜索栏中输入 configure language，选择界面汉化插件“Chinese（Simplified Language Pack for Visual Studio Code（中文简体）”，单击插件名右下角的“Install”按钮进行安装，如图 1－21 所示。

图 1－21　Visual Studio Code 界面汉化

② 完成界面汉化插件安装后，在编辑器右下角会弹框提示重启编辑器（如图 1-22 所示），单击“Restart”按钮，重启编辑器即可完成界面汉化。

图 1-22 重启 Visual Studio Code

（2）安装 Python 插件。

在 Visual Studio Code 中，读者可根据实际工作需要选择安装协助应用开发的插件。部分常见插件及其功能说明如下：

① Python：Python 语法基本插件。

② Django：Django 插件，用于模板中语法提示和补全，注意不取搜索出的第一个，取后面 1.0 版本。

③ XML Tools：VS Code 都会用到的插件，运维配置 VS Code 需要。

④ View In Browser：浏览器快捷打开前端页面。

⑤ Son of Obsidian Theme：主题美化插件。

⑥ HTML CSS Support：HTML 基础插件。

⑦ Path Intellisense：路径补全插件。

⑧ Code Spell Checker：代码拼写检查器。

安装 Python 插件的方法与前面安装汉化界面插件方法类似，下面以安装 Python 插件为例进行说明。单击编辑器界面中的“扩展功能”按钮，在面板搜索栏中输入插件名“Python”，在搜索出的插件中选择 Python 插件，如图 1-23 所示，单击 Python 插件名右下角的“Install”按钮即可完成 Python 插件安装。

图 1-23 安装 Python 插件

安装 Python 插件后，在“终端”菜单下新建并启动 Python 终端会话，输入命令 Python，按回车键执行命令，可查看当前系统安装的 Python 版本相关信息，如图 1－24 所示。

在 Python 终端会话中输入以下代码段并执：print（“Hello，World!”），并确认在计算机屏幕上输出“Hello，World！”信息，如图 1－24 所示。

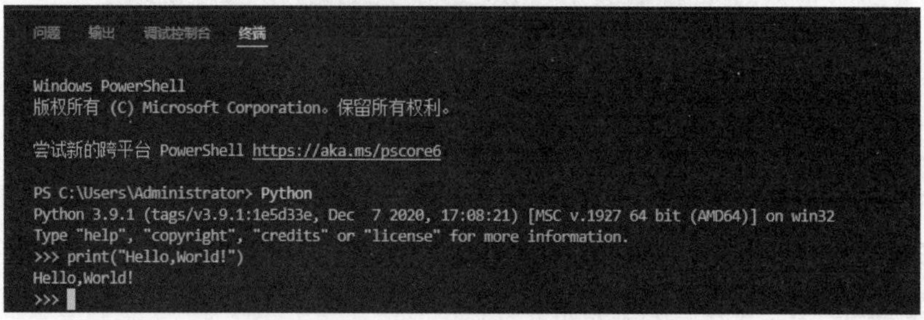

图 1－24　Python 终端会话

4）在 Visual Studio Code 中配置 Python 环境参数

（1）配置 Python 路径。

在 Visual Studio Code 中设置 Python 代码运行路径时，先单击编辑器左下角的“管理”按钮，在弹出的对话框中选择“设置”，再单击打开的设置界面右上角的“打开设置（json）”按钮，打开 settings.json 文件，将原文件中的“python”参数修改为解释器路径（即安装 Python.exe 的路径）。注意，需要将安装路径中的“\”改为“\\”，如图 1－25 所示。

图 1－25　配置 settings.json 文件

settings.json 原文件参数为：

```
"python.pythonPath":"python"
```

settings.json 文件修改后参数为：

```
"python.pythonPath":"C:\\Users\\Administrator\\AppData\\Local
\\Programs\\Python\\Python39\\python.exe "
```

（2）配置运行参数 tasks.json 文件。

首次安装 Visual Studio Code 后，按下快捷键 Ctrl+Shift+B 运行 Python 代码时，将提示没有配置编译环境。此时，需要修改运行参数 tasks.json 文件。在路径 C:\Users\Administrator\AppData\Roaming\Code\User 下可打开 tasks.json 文件，修改文件中的“command”和“args”参数。其中，“command”参数值修改为解释器路径（即安装 Python.exe 的路径，但需要将安装路径中的“\”改为“\\”）；“args”参数值需要修改为“[${file}]”，如图 1－26 所示。修改参数值后 tasks.json 文件内容如下：

```
{
  // See https://go.microsoft.com/fwlink/?LinkId=733558
  // for the documentation about the tasks.json format
  "version":"2.0.0",
  "tasks":[
    {
      "args":["${file}"],
      "label":"echo",
      "type":"shell",
      "command":"C:\\Users\\Administrator\\AppData\\Local\\
      Programs\\Python\\Python39\\python.exe",
      "problemMatcher":[],
      "group":{
        "kind":"build",
        "isDefault":true
      }
    }
  ]
}
```

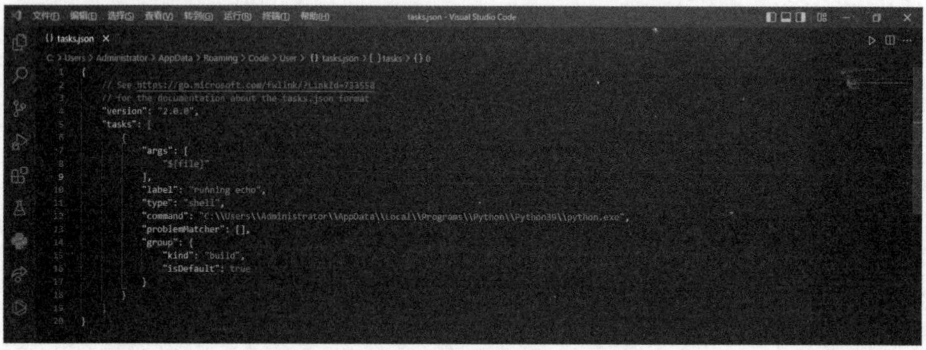

图 1－26　配置 settings.json 文件

修改运行参数 tasks.json 文件后，可通过按快捷键 Ctrl+Shift+B 直接运行 Python 程序。

3. 在 Visual Studio Code 中创建、运行 Python 程序

1）启动 Visual Studio Code

依次选择“开始”|“程序”|“Visual Studio Code”，或者双击桌面上的快捷图标，启动 Visual Studio Code 编辑器。Visual Studio Code 启动初始界面如图 1－20 所示。

2）创建 Python 项目文件

在创建 Python 项目文件前，先在本地磁盘中创建项目管理文件夹，用于存放该项目的所有文件。将文件夹命名为“hellopythonworld”。

创建项目管理文件夹后，在 Visual Studio Code 界面中依次选择“文件”|“新建文件”，完成程序文件创建，如图 1－27 所示。将程序文件命名为“hellopythonworld.py”，其中.py 为 Python 程序文件的扩展名，将程序文件保存到之前创建的项目管理文件夹 hellopythonworld，如图 1－28 所示。

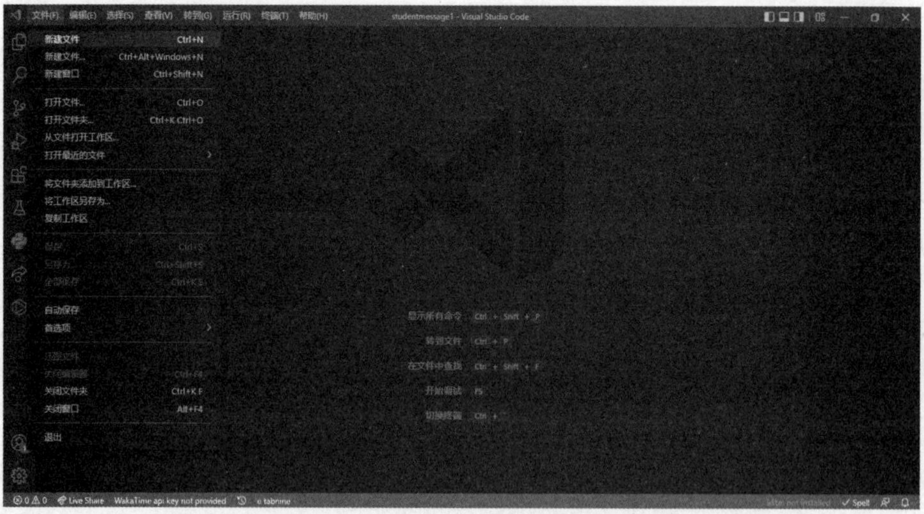

图 1－27　创建 Python 程序文件

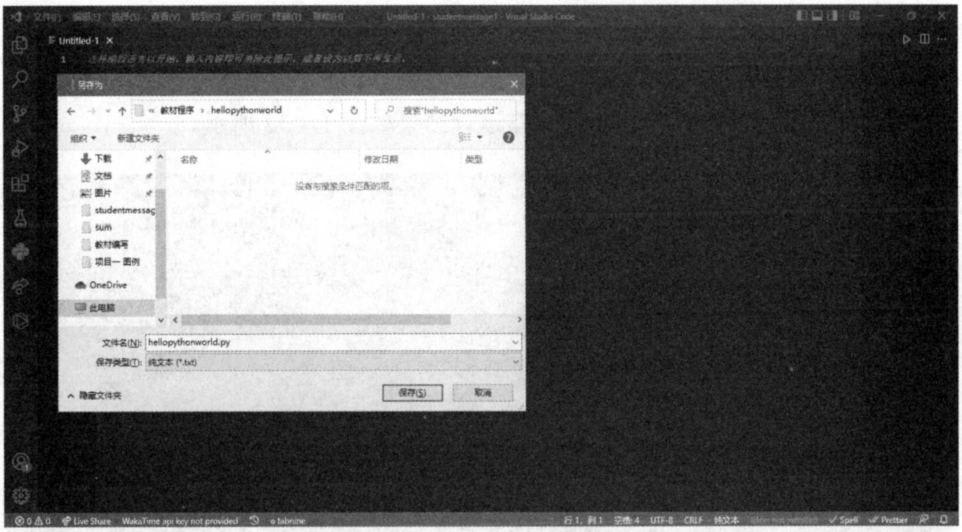

图 1－28　保存 Python 程序文件

3）编辑 Python 程序

按照 Python 程序设计要求，在编辑窗口输入程序代码，如图 1－29 所示。

图 1－29　编辑 Python 程序

4）调试、运行 Python 程序

在前面配置 Visual Studio Code 环境参数的基础上，可通过以下方法调试、运行 Python 程序。

① 选择“运行”|“启动调试”命令，或按快捷键 F5，可调试 Python 程序，如图 1－30 所示。

② 选择“运行”|“以非调试模式运行”命令，或按快捷键 Ctrl+F5，可以非调

试模式运行 Python 程序，如图 1 – 30 所示。

③ 选择“终端”|“运行生成任务”命令，或按快捷键 Shift+Ctrl+ B，可直接运行 Python 程序，如图 1 – 31 所示。程序运行结果如图 1 – 32 所示。

图 1 – 30　程序调试窗口

图 1 – 31　程序运行窗口

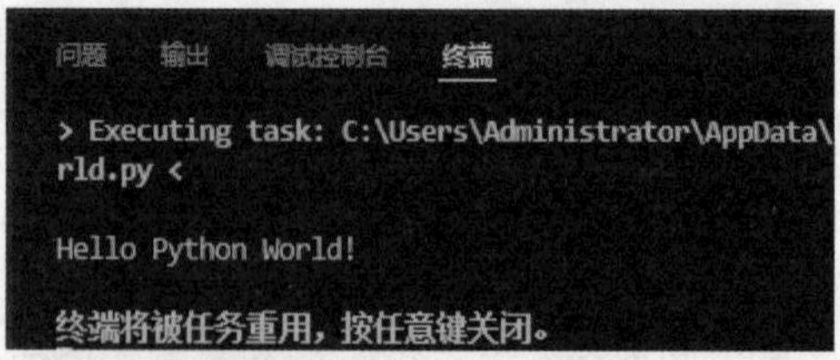

图 1 – 32　程序运行结果

1.2.3　任务实施

1. 设计、编写输出学生信息界面的 Python 程序

根据任务要求及如图 1－4 所示的程序运行结果，设计和编写输出学生信息界面的 Python 程序。在输出如图 1－4 所示的结果的基础上，可再增加其他信息输出，例如输出姓名、学号、专业、班级、性别、年龄、电话和家庭地址等。

2. 调试、运行程序

调试、运行编写的 Python 程序，观察运行结果。在调试、运行过程中，如果有错误提示，应检查、纠正错误，然后再调试、运行程序。

1.2.4　知识拓展

1. 解决程序运行时因中文字符而出现的乱码问题

当按下快捷键 Shift+Ctrl+B 运行程序时，若运行结果中的中文字符出现乱码，则需在程序代码前加入“#–*–coding：UTF–8–*–”，并增加系统环境变量“PYTHONIOENCODING＝UTF8"。

增设系统环境变量的具体操作方法（设置一次即可）如下：

① 右击“此电脑”图标，在弹出的快捷菜单中选择“属性”，在弹出的“设置”对话框中单击右边的“高级系统设置”。

② 在弹出的“系统属性”对话框中，单击右下角的“环境变量”。

③ 在弹出的“环境变量”对话框中，单击右下角的“系统变量”|“新建”。

④ 在弹出的“新建系统变量”对话框中，对“变量名”和“变量值”分别输入 PYTHONIOENCODING 和 UTF8，单击“确定”按钮完成系统环境变量设置。

增设系统环境变量的过程如图 1－33 所示。

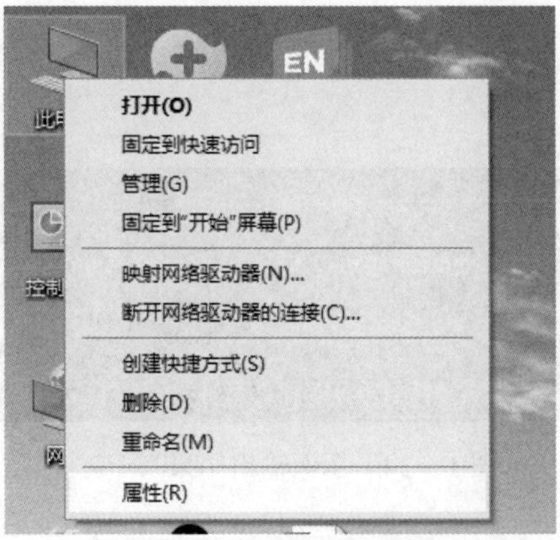

图 1－33　增设系统环境变量的过程

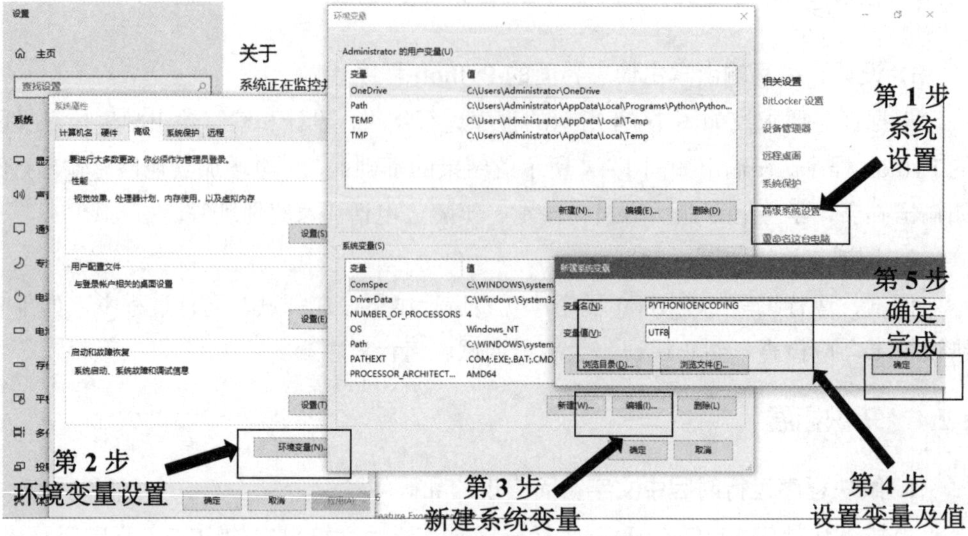

图 1－33　增设系统环境变量的过程（续）

默认情况下，Python 3 源码文件以 UTF－8 编码，所有字符串都是 unicode 字符串。

2. 输出多个字符串或值

print()函数可输出多个变量或值，变量或值可采用逗号（,）或加号（+）连接，但应注意这两种形式的输出结果是不同的。例如：

```
str1 = "Hello"
str2 = "Python"
str3 = "World"
print(str1,str2,str3,1,2,2*3)
```

输出结果如下：

图 1－34　示例输出结果（一）

```
print(str1 + str2 + str3 + str(1)+ str(2)+ str(2*3))
```

输出结果如下：

图 1－35 示例输出结果（二）

1.2.5 练习题

1. 编写 Python 程序，在屏幕上输出信息“这是我的第一个 Python 程序”。

2. 编写 Python 程序，在屏幕上输出你个人的相关信息，例如姓名、性别、年龄、所在院系、专业、联系电话、家庭地址等。

3. 编写 Python 程序，任意输入两个整数，分别求出这两个整数的和、差、积和商，并在屏幕上输出结果。

项目 2

学生综合评分系统设计

通过项目 1 的学习，相信大家对 Python 语言已经有了初步的认识。本项目将通过学生综合评分系统设计来学习 Python 语言的数据类型、数值运算、变量等基础知识。

任务 2.1　学生综合评分系统数据与运算实现

2.1.1　任务分析

在日常生活中，我们通常需要处理一些数据，而在数据处理过程中，通常会涉及数据的表达和运算。例如，学校根据学生的综合成绩评定奖学金，综合成绩由所有课程平均成绩和德育成绩分别按一定比例进行折算，计算公式为：

综合成绩=所有课程平均成绩×60%+德育成绩×40%

式中，所有课程平均成绩=所有课程成绩总和除以课程门数；德育成绩为参加第二课堂活动的累计积分。现需要分析与这些成绩相关的数据在 Python 程序中应该如何表示，如何根据这些数据进行综合成绩的计算。

2.1.2　相关知识

1. 数据类型

在现实生活中，数据可以是数字、文字、声音、图像等。数据主要用于表示状态，不同的状态应该采用不同类型的数据表示。

Python 内置非常丰富的数据类型（本节介绍的数据类型适用于 Python 3.x），其中包含 6 种标准数据类型：number（数字）、string（字符串）、list（列表）、tuple（元组）、set（集合）和 dictionary（字典），如图 2－1 所示。其中，number、string 和 tuple 类型的数据为不可变数据，list、dictionary 和 set 类型的数据为可变数据。本任务将重点学习 number 和 string。

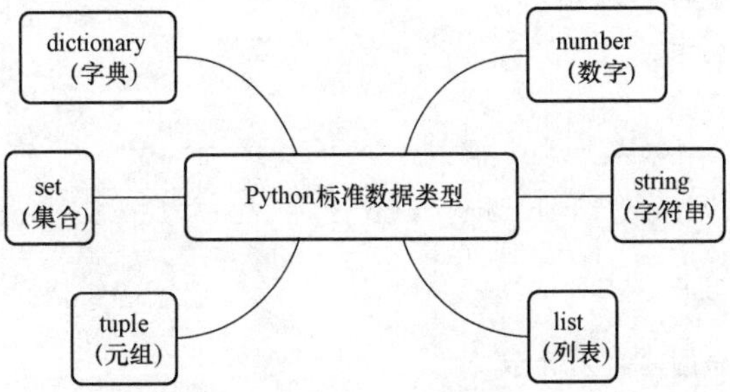

图 2－1　Python 的 6 种标准数据类型

1）数字类型

在 Python 中，数字类型数据有 4 种，分别为 int（整数）、float（浮点数）、complex（复数）和 bool（布尔型）数据。数字类型数据如表 2－1 所示。

表 2－1　数字类型数据

数据类型	功能描述	示例
int	表示整数类型，Python 3.x 中只有长整数类型 int。主要用于记录年龄、个数、号码等	1，－100，234
float	表示浮点数类型，精度与系统有关，主要用于记录身高、体重、薪资等	－2.50，3.1415，2E－3
complex	表示复数类型	1＋2j，2.1+3j
bool	表示布尔型，只有两个逻辑值：真和假	True，False

2）字符串类型

在 Python 中，没有单独的字符类型，一个字符就是长度为 1 的字符串。字符串用单引号“ ' ”或双引号“ " ”括起来，同时使用反斜杠“ \ ”转义特殊字符。常用转义字符及其含义如表 2－2 所示。

表 2－2　常用转义字符及其含义

字符形式	功能描述	字符形式	功能描述
\n	换行	\f	走纸换页
\t	横向跳格	\\	反斜杠字符'\'
\b	退格	\'	单撇号字符
\r	回车	\"	双撇号字符

【例 2.1】转义字符的应用。

解：代码清单如下：

```
print("This is my first Python program.\n")
print("The Python program path is \"D:\\ helloworld\\helloworld.
py\".\n")
```

程序运行结果如图 2－2 所示。

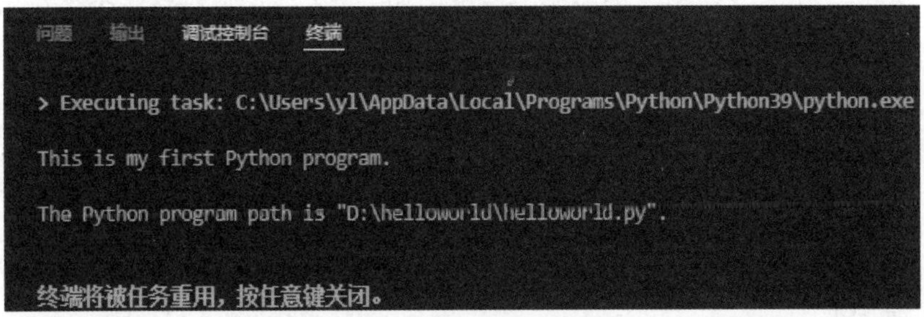

图 2－2　转义字符应用

字符串中的反斜杠一般用于转义，但如果在字符串前面加“ r ”时，则表示反斜杠不发生转义。例如，字符串 r"this is a Python program \n" 的“\n ”表示原始字符“ \”和“n”，不表示回车换行。

字符串有两种索引方式：从左往右从 0 开始；从右往左从 －1 开始。从字符串中截取子串的语法格式如下：

```
字符串变量[头下标：尾下标：步长]
```

【例 2.2】假设有字符串为 str = "Hello World"，编程实现如图 2－3 所示的输出内容。

解：代码清单如下：

```
print (str)      # 输出整个字符串
print (str[0])      # 输出字符串第 0 个字符
print (str[1: -1])      # 输出第 1 个字符到倒数第 2 个字符之间的所有字符
print (str[1: 4])      # 输出从第 1 个字符到第 4 个字符之间的所有字符，不含第 4 个
print (str[1: ])      # 输出第 1 个字符之后的所有字符
```

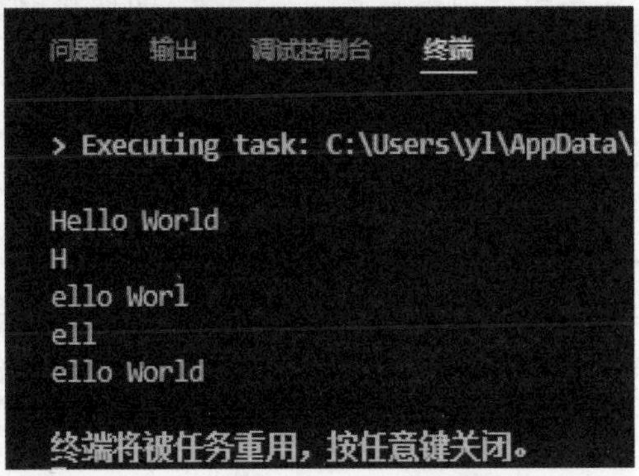

图 2－3　字符串常用索引输出方式

在 Python 中，字符串不能改变，但可用加号“+ ”运算符将多个字符串连接起来，可用星号“*”运算符复制当前字符串。例如：

```
print("Hello" + "Python"+ "World")    # + 连接多个字符串
print(str * 2)    # 输出字符串 2 次,或写成 print(2 * str)
```

2. 标识符与关键字

1）标识符

在 Python 中，标识符用于对变量、函数、包、模块，以及其他用户定义的对象命名。

标识符的命名规则：标识符由字母、数字、下划线 3 种元素组成，能以字母或下划线打头，不能以数字打头。同时须注意，标识符区分大小写，且不能使用关键字作为任何标识符的名称。

2）关键字

关键字也称保留字，是具有固定名字和特定含义的特殊标识符，不允许程序设计者另作他用。

3. 变量与常量

1）变量

变量（variable）可以看成一个存放程序数据的容器，每个变量都拥有独一无二的名字，通过变量名字可找到存放在变量中的数据。

（1）变量的命名。

变量名是标识符的一种，变量命名须遵守标识符命名规则，一般采用全小写+下划线式“驼峰”命名。例如，变量可以命名为 message_1、calc_score，但不能命名为 1_message、calc score 因为标识名不能以数字打头，不能包含空格。同时，应注意避免与 Python 内置函数名及关键字重名。

（2）变量的使用。

Python 中的每个变量在使用前都必须先赋值（即把数据存入变量），因为变量赋值后才会被创建。如果没有给变量赋值就直接被使用，程序运行时系统会抛出赋值前引用的异常或者未命名异常错误。同时还应注意，变量值不是一成不变的，可以重新给变量赋值。因为变量只能存储一个值，所以变量一旦被重新赋值，之前的值将被覆盖，无法再找回。

Python 通过赋值语句将值保存在变量中，赋值语句包含一变量名、一个等号“=”（称作赋值操作符或赋值运算符），以及需要存储的值。给变量赋值的一般格式为：

```
name = value
```

其中，name 表示变量名；value 表示值（即要存储的数据）。注意，不能把赋值语句的等号等同于数学的等号。

【例 2.3】 变量命名与赋值。

（1）将整数 100 赋值给变量 val。

```
val = 100     # 赋值运算符与变量名、值均用空格分隔
```

（2）将浮点数 3.14159 赋值变量 pi。

```
pi = 3.14159
```

（3）将字符串"Hello Python"赋值给变量 message。

```
message = "Hello Python"
```

（4）同时给多个变量赋值，用逗号分隔，逐一对应。例如：

```
a = b = c = 1    # a，b，c 的值均为 1
a，b，c = 1，2.15，"Python"  # 赋值后 a 为 1，b 为 2.15，c 为"Python"
```

（5）将表达式的运行结果赋值给变量。例如：

```
sum = 20 + 30              #将两个整数相加的结果赋值给变量 sum
rem = 5 * 24 % 3           #将求余结果赋值给变量
```

Python 中常用的算术运算符如表 2－3 所示，运算符的优先级从高到低为：**、*、/、//、%、+、－。

表 2－3　Python 中的常用算术运算符

运算符	操作说明	示例	示例功能描述
=	赋值	x = y	将 y 的值赋给 x
+	加法	x + y	返回 x + y 的值
–	减法	x – y	返回 x – y 的值
*	乘法	x * y	返回 x * y 的值
/	除法	x / y	返回 x / y 的值
//	整除/商数取整	x // y	返回 x 除以 y 的整数部分
%	取模/求余	x % y	返回 x 除以 y 的余数
**	指数	x ** y	返回 x 的 y 次方，相当于 pow（x，y）

【例 2.4】已知 x=15，y=7，试编程计算 x+y、x-y、x*y、x/y、x//y、x%y、x**y 的值。

解：数值运算表达式及在交互式终端的输出结果如图 2-4 所示。

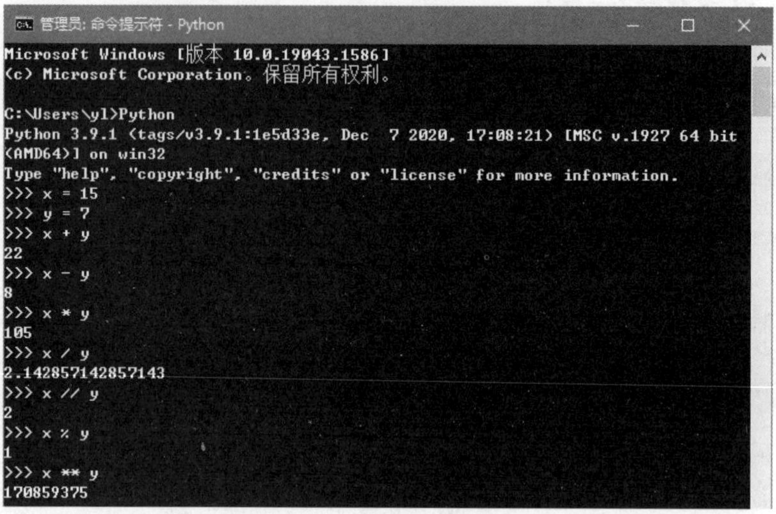

图 2-4　数值运算及表达式

在 C、C++、Java 等编程语言中，在定义变量时，需要指明变量的类型，并且赋值给变量的数据也必须与变量类型相同。而在 Python、JavaScript 等脚本语言中，可将不同类型的数据赋值给同一个变量，不需要关心数据的类型。也就是说，在 Python 中，变量无须声明即可直接赋值，对一个不存在的变量赋值就相当于定义了一个新的变量。变量的数据类型也可以随时改变，例如同一个变量可以在被赋值整数后，再被赋值字符串。将不同类型数据赋值给同一个变量，变量只保存最后一次赋值，通过内置函数 type()可检测变量或者表达式的类型。

【例 2.5】依次给变量 val 赋值 100、3.14159、Hello Python，并用 type()函数检测变量类型，交互式终端的输出结果如图 2-5 所示。

解：代码清单如下：

```
>>> val = 100                  # 将整数 100 赋值给变量 val
>>> type (val)                 # 查看当前变量的类型
>>> val = 3.14159              # 将浮点数 3.14159 赋值给变量 val
>>> type (val)                 # 查看当前变量的类型
>>> val = "Hello Python"       # 将字符串"Hello Python"赋值给变量 val
>>> type (val)                 # 查看当前变量的类型
```

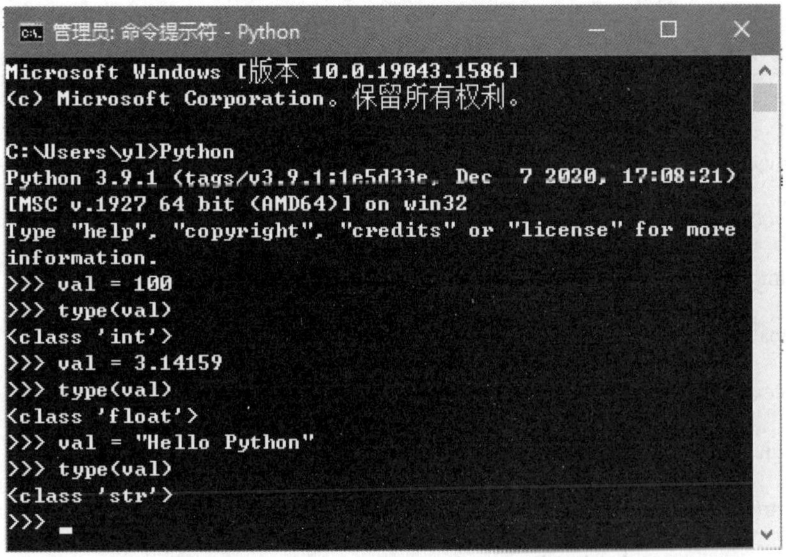

图 2－5　同一变量赋值不同类型数据

2）常量

常量类似于变量，但其值在程序的整个生命周期内保持不变。Python 没有内置的常量类型，但程序员通常在代码中用全部由大写字母组成的变量名来标识常量，且其值始终保持不变，例如，PI = 3.14159。

2.1.3　任务实施

① 根据任务分析，列出计算综合成绩涉及的数据，思考在 Python 中如何表示这些数据。

② 本任务涉及数值的算术运算：

综合成绩=课程成绩×60%+德育成绩×40%

课程成绩=所有课程成绩总和/课程门数

写出这两个公式对应的运算表达式。

2.1.4　知识拓展

1. 常用数值运算内置函数

通常，在表示和处理数据时，需要将数据进行相应的运算或类型转换。Python 提供了可进行数据运算或类型转换的内置函数，如表 2－4 所示。

表 2–4 常用数值运算内置函数

内置函数	函数功能描述
abs(x)	返回 x 的值绝对值
divmod(x,y)	相当于（x // y，x % y）
pwo(x,y)	返回 x 的 y 次方，相当于 x ** y
int(x)	强制数据类型转换，将 x 转换为一个整数
float(x)	强制数据类型转换，将 x 转换为一个浮点数
complex(re,im)	创建一个实部为 re、虚部为 im 的复数
c.conjugate()	返回复数的共轭复数
str(x)	强制数据类型转换，将 x 转换为一个字符串
repr(x)	将对象 x 转换为表达式字符串
eval(str)	计算在字符串 str 中的有效 Python 表达式，返回一个对象
tuple(s)	将序列 s 转换为一个元组
list(s)	将序列 s 转换为一个列表
set(s)	将序列 s 转换为可变集合
dict(d)	创建一个字典，d 必须是一个（key，value）元组序列
frozenset(s)	将序列 s 转换为不可变集合
chr(x)	将一个 0～255 的整数转换为对应的 ASCII 码字符
ord(x)	将一个 ASCII 码字符转换为字符对应的整数值
hex(x)	将一个十进制整数转换为一个十六进制字符串
oct(x)	将一个十进制整数转换为一个八进制字符串

内置函数执行后，返回一个新的对象，表示运算或转换结果。

2. 查看当前版本 Python 的所有关键字

Python 的标准库提供有一个 keyword 模块，在交互式终端可查看当前版本 Python 的所有关键字。

【例 2.6】在交互式终端查看 Python 的所有关键字。

解：在交互式终端输入：

```
>>> import keyword       # 导入关键字模块
>>> keyword.kwlist       # 输出当前版本的所有关键字
```

整个操作过程如图 2-6 所示。

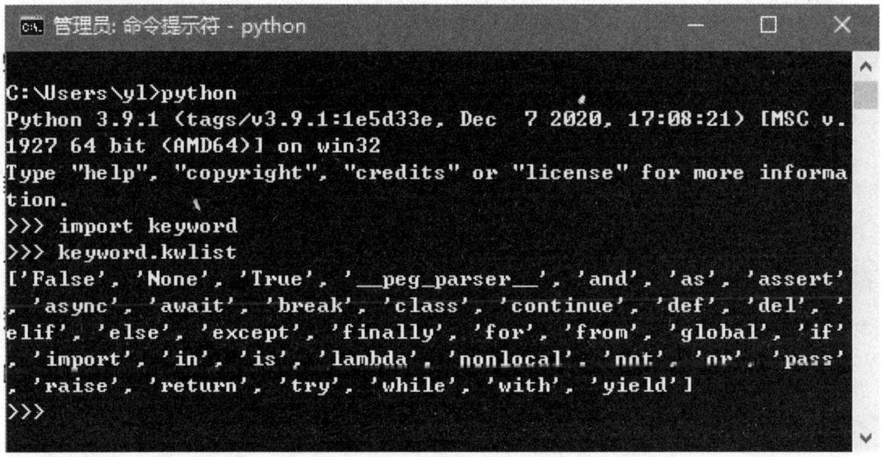

图 2-6　查看当前版本 Python 的所有关键字

2.1.5　练习题

1. 列举 Python 3.x 的内置标准数据类型。

2. 说出 Python 中标识符的命名规则。

3. 说出以下标识符是否符合规范。

（1）message1　　（2）message 1　　（3）1message

（4）message_1　　（5）def　　（6）int

4. 下面哪些是操作符？哪些是值？

（1）'Python'　　（2）*　　（3）+20　　（4）/

（5）23.4　　（6）10　　（7）%　　（8）－15

5. 下面哪个是变量，哪个是字符串？

（1）val　　（2）'val'　　（3）"val"

6. val 是一个有效的变量名，而 10 是无效的，请说明为什么。

7. 用函数分别取得一个值的整型值、浮点值和对应的字符串。

8. 将一条消息赋值给变量，并将其打印出来。

9. 将一条消息赋值给变量，并将其打印出来；再将变量的值修改为另外一条消息，并将其打印出来。

10. 说说表达式与赋值语句的区别。

11. 写出下面表达式的结果。

（1）"Hello" + "Python"

（2）"Hello" * 2

12. 写出 4 个表达式，分别使用加、减、乘和除运算，使它们的结果都为 10，并调用 print()函数将结果显示出来。例如，print（4+6）。

任务 2.2　学生综合评分系统程序设计

2.2.1　任务分析

通过任务 2.1 的学习，我们已掌握了常用的数据表示和处理方法。本任务将在任务 2.1 的基础上，采用 Python 语言实现学生综合评分系统，完成程序设计、调试和运行的所有工作。程序运行结果如图 2－7 所示。

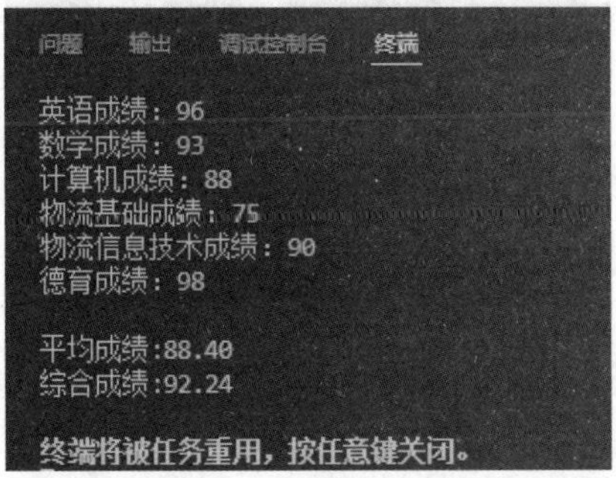

图 2－7　程序运行结果

其中，所有课程平均成绩包括英语、数学、计算机、物流基础、物流信息技术共 5 门课程成绩的平均值。

2.2.2　相关知识

1. 赋值语句

在 Python 中，赋值语句会创建一个新的变量，并给变量赋值。值可以是一个具体值，也可以是一个表达式的运算结果。一般形式可表示为：

```
变量名 = 值（或 表达式）
```

【例 2.7】 将值或者表达式的结果赋值给一个变量。

解： 程序代码如下：

```
pi = 3.14159         # 将一个值赋给变量
val = 20 * 3 / 4     # 将运算结果赋值给变量
```

【例 2.8】 已知半径为 r，计算圆的周长 circ 和面积 area。

解： 本例题包括半径 r、周长 circ 和面积 area 等 3 个数据，均为浮点数。其中，周长赋值语句 circ = 2 * 3.14 * r，面积赋值语句 area = 3.14 * r * r。

代码清单如下：

```
r = float (input ("圆的半径 r: "))      # 键盘输入半径，强制转换为浮点数
circ = 2 * 3.14 * r    # 计算周长，将计算结果赋值给变量 circ
area = 3.14 * r * r    # 计算面积，将计算结果赋值给变量 area
print ("圆的周长: %.2f" % circ)     # 输出周长计算结果
print ("圆的面积: %.2f" % area)     # 输出面积计算结果
```

程序运行结果如图 2－8 所示。

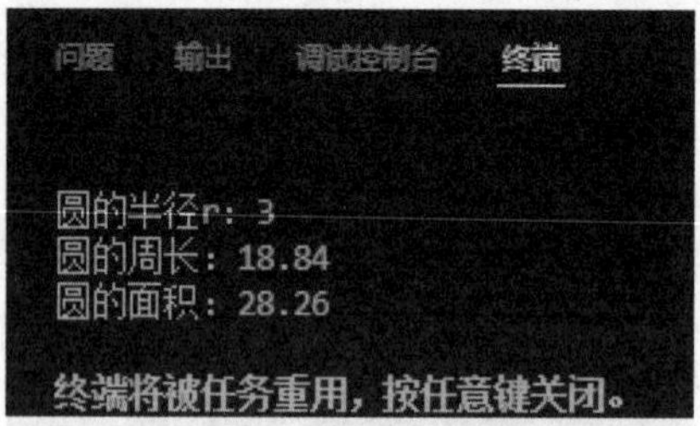

图 2－8　计算圆的周长和面积的输出结果

【例 2.9】已知某顾客购买商品单价 price 和商品数量 num，计算顾客应付金额 amounts。

解：本例题的 price 为浮点数，num 为整数，amounts 为 price 与 num 的乘积。

代码清单如下：

```
price = float (input ("商品单价: "))    # 键盘输入商品单价，强制转换为浮点数
num = int (input ("商品数量: "))    # 键盘输入商品数量，强制转换为整数
amounts = price * num   # 计算应付金额
print ("应付金额: %.2f"% amounts)   # 输出计算结果
```

程序运行结果如图 2－9 所示。

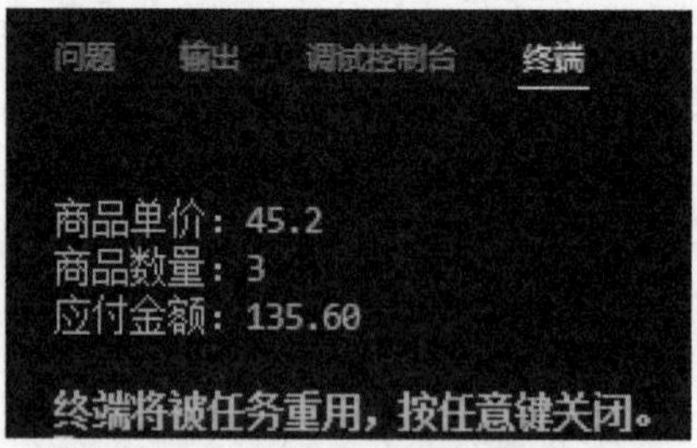

图 2－9　计算商品金额的输出结果

2. 表达式与语句

1）表达式

表达式由值、变量和运算符构成，而值和变量本身也可以被认为是表达式。因此，下面都是合法的表达式：

```
>>> 15
15
>>> 5 + 20
25
```

上面都是在交互式终端的提示符后面输入的值或表达式。当在提示符后面输入表达式时，解释器会计算该表达式并输出结果。

2）语句

语句是一个会产生影响的代码单元。例如，新建一个变量或显示某个值的示例代码如下：

```
>>> num = 5
>>> print (num)
```

其中，第一行是一个赋值语句，将值 5 赋给了 num；第二行是一个打印语句，在屏幕上显示 num 的值。当你输入一个语句后，解释器会执行这个语句。例如：

```
sum = 20 + 30        #将两个整数相加的结果赋值给变量
rem = 5 * 24 % 3     #将求余结果赋值给变量
```

3. 运算符优先级

运算符优先级是指当一个表达式中有多个运算符时，先执行哪个运算符，即表达式中运算符的运算顺序由其优先级决定。当一个表达式中有多个相同优先级的运算符时，先执行哪个运算符，则由其结合性决定，先执行左边的叫左结合性，先执行右边的叫右结合性。Python 中有几十种运算符，部分运算符优先级相同，部分运算符优先级不相同。Python 运算符优先级及结合性如表 2－5 所示。

例如，表达式“4 * 8 >> 2”有两种不同优先级的运算符（“*”和“>>”）。由于“*”优先级高于“>>”，因此表达式先执行“4 * 8”，得到结果 32，再执行“32 >> 2”，最后得到结果 8。为增强表达式可读性，可将表达式写成：（4 * 8）>> 2。

又例如，表达式“100 – 56 + 42”有两种相同优先级的运算符（“–”和“+”）。此时已不能再依赖运算符的优先级，需根据运算符的左结合性进行运算。因此，先执行“100–56”，得到结果 44，再执行“44 + 42”，最后得到结果 86。

表 2 – 5　Python 运算符优先级及结合性

运算符	操作说明	运算符优先级	运算符优先级顺序	运算符结合性
( )	小括号	19	高	无
x[i] 或 x[i1：i2 [：i3]]	索引运算符	18	↑	左
x.attribute	属性访问	17		左
**	乘方	16		右
~	按位取反	15		右
+（正号）、–（负号）	符号运算符	14		右
*、/、//、%	乘除	13		左
+、–	加减	12		左
>>、<<	位移	11		左
&	按位与	10		右
^	按位异或	9		左
|	按位或	8		左
==、! =、>、>=、<、<=	比较运算符	7		左
is、is not	is 运算符	6		左
in、not in	in 运算符	5		左
not	逻辑非	4		右
and	逻辑与	3		左
or	逻辑或	2		左
exp1，exp2	逗号运算符	1	低	左

2.2.3　任务实施

1. 设计、编写计算学生综合评分的 Python 程序

根据任务要求及图 2 – 7 所示的程序运行结果，设计和编写计算学生综合成绩的评分系统。在程序设计过程中，请思考以下问题：

问题一　如果成绩数据取整数，程序该如何实现？如果成绩数据取浮点数，程序又如何实现？

问题二　如果成绩数据从键盘输入且取整数，程序该如何实现？如果成绩数据从键盘输入且取浮点数，程序又如何实现？

2. 调试、运行程序

调试、运行编写的 Python 程序，观察运行结果。在调试、运行过程中，如果有错误提示，应检查、纠正错误，然后再调试、运行程序。

2.2.4　知识拓展

扩展赋值运算符

赋值运算符“=”还可与其他运算符（包括算术运算符、位运算符和逻辑运算符）结合，扩展出功能更强大的赋值运算符。Python 的扩展赋值运算符如表 2－6 所示。

表 2－6　Python 的扩展赋值运算符

运算符	操作说明	示例	示例等价形式
=	基本赋值运算	x = y	x = y
+=	加赋值	x += y	x = x + y
-=	减赋值	x -= y	x = x - y
*=	乘赋值	x *= y	x = x * y
/=	除赋值	x /= y	x = x / y
//=	商数取整赋值	x //= y	x = x // y
%=	取余数赋值	x %= y	x = x % y
**=	幂赋值	x **= y	x = x ** y
&=	按位与赋值	x &= y	x = x & y
|=	按位或赋值	x |= y	x = x | y
^=	按位异或赋值	x ^= y	x = x ^ y
<<=	左移赋值	x <<= y	x = x << y，y 为左移的位数
>>=	右移赋值	x >>= y	x = x >> y，y 为右移的位数

赋值运算符与位运算符和逻辑运算符的扩展，将在后续项目任务中介绍其具体应用。在使用扩展赋值运算符时需注意，这种赋值运算符只针对已存在的变量赋值，因为在赋值过程中需要变量本身参与运算，如果没有提前定义变量，其值是未知的，无法参与运算。例如，以下为错误写法：

```
num *= 20
```

该表达式等价于 num = num * 20，但由于没有提前定义变量 num，因此它不能参与乘赋值运算。正确写法如下：

```
num = 5
num *= 20
```

表示在给 num 赋值 5 的同时，创建了变量 num，最后再将 num * 20 的运算结果赋值给变量 num。

2.2.5 练习题

1. 编写 Python 程序实现以下功能：用变量表示一个人的名字，并向其显示一则消息。

2. 编写 Python 程序实现以下功能：用一个变量表示你最喜欢的数字，再使用这个变量创建一条消息，并指出你最喜欢的数字是什么，然后将其在屏幕上显示出来。

3. 编写 Python 程序实现以下功能：用一个整型变量 val 存放两个数的运算结果，运算的结果都为 20，并分别调用 print()函数将结果在屏幕上显示出来，其中应包括加法、减法、乘法和除法赋值运算。

4. 假如银行 3 年存款的年利率为 3.90%，则可根据公式“利息=存款额*利率*3”算出存款到期后应得到的利息。编写 Python 程序实现该功能。

5. 假设一本书的零售价是 25.60 元，购买时书店打 7 折，第一本运费是 1.8 元，之后每本运费是 0.15 元，编写 Python 程序计算购买 50 本书的总价是多少。

项目 3

超市顾客账单系统设计

在前面的项目中，已经学习了 Python 编程环境的搭建和使用，以及数据的表示和处理等基本知识，但仅靠这些知识还不足以编写出相对完整的程序。通常，一个程序包含数据结构、算法、程序设计方法和程序开发环境等方面，其中算法是程序的核心，主要用于解决“做什么”和“如何做”的问题。本项目中将进行算法和程序设计方法等内容的学习。

任务 3.1　超市顾客账单系统算法与流程图设计

3.1.1　任务分析

图 3－1 是运用 Python 程序设计的输出超市顾客账单信息的系统界面，用以帮助超市结算、打印购物清单。购物清单包含物品单价、数量和购物金额等信息，图 3－1 中的商品为苹果、香蕉和牛肉，现需要分析该系统如何实现，需要用到哪些数据描述，并完成该系统的算法设计和流程图绘制。

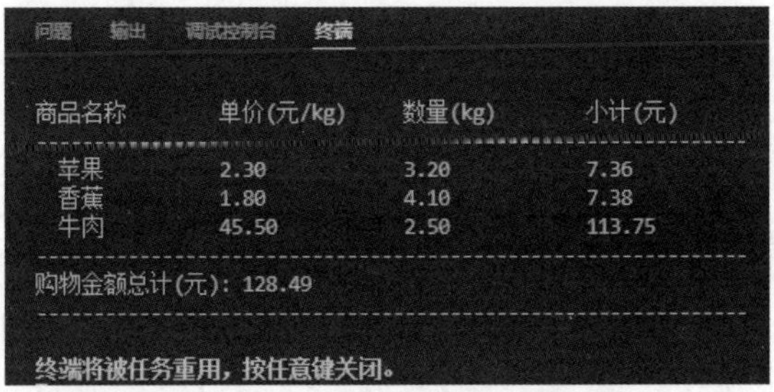

图 3－1　超市顾客账单系统界面

3.1.2　相关知识

1. 算法的定义

我们在解决现实生活中的问题时，一般都会采用一定的方法和步骤去完成。为解决某个特定问题而采取的确定且有限的步骤、方法称为算法。

【例 3.1】描述求 2 个整数的商和余数的算法。

解：假设 a、b 为 2 个整数，算法描述如下：

① 初始化 a 和 b。

② 求 quo=a//b。

③ 求 rem=a%b。

④ 输出结果 quo 和 rem。

【例 3.2】描述找出 3 个整数中最大数的算法。

解：假设 a、b、c 为 3 个整数，算法描述如下：

① 初始化 max=a。

② 如果 max>b，执行③；否则 max=b，执行③。

③ 如果 max>c，执行④；否则 max=c，执行④。

④ 输出结果 max。

【例 3.3】描述求 1～100 的和的算法。

解：算法描述如下：

① 定义并初始化 1 个整型计数器变量 i，1 个整型求和变量 sum。

② 循环语句，设置循环条件。

③ 在循环体中求和。

④ 被加数变化。

⑤ 输出求和结果。

2. 算法的特征

一个算法应具备以下几个重要的特征：

① 有穷性。算法必须能在执行有限个步骤之后终止，不能无穷、无终止。

② 确定性。算法的每一个步骤必须有明确的定义，不能有二义性。

③ 可行性。可行性也称为有效性，指算法中的每一个步骤都是可以被分解为基本的可执行的操作步骤。

④ 输入项。根据算法的不同，输入项可能有零个或多个。输入项用于描述运算对象的初始情况，如果为零个，则表示算法本身已定出了初始条件。

⑤ 输出项。设计算法主要是为了解决实际问题，所以没有输出的算法是毫无意义的。一个算法可以有一个或多个输出项，用以反映对输入数据加工后的结果。

3. 流程图

掌握算法及其特征后，为了更好地进行程序设计，我们还需要掌握算法的表示。通常，算法可通过自然语言、传统流程图、结构化流程图（N－S 流程图）、伪代码、计算机语言等表示。相对于自然语言，流程图表示算法更加直观形象，便于理解。下面仅介绍如何用流程图表示算法。

1）流程图常用的图形表示符号

流程图常用的图形表示符号如图 3－2 所示。

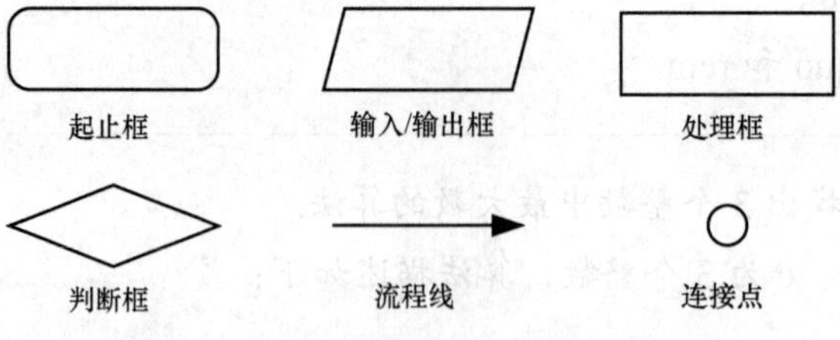

图 3－2　流程图常用的图形表示符号

2）流程图的表示方法

一个流程图应包括以下几个部分：

① 表示相应操作的框；

② 带箭头的流程线；

③ 框内外必要的说明文字。

例如，将例 3.1 的算法转换为流程图表示，如图 3－3 所示。

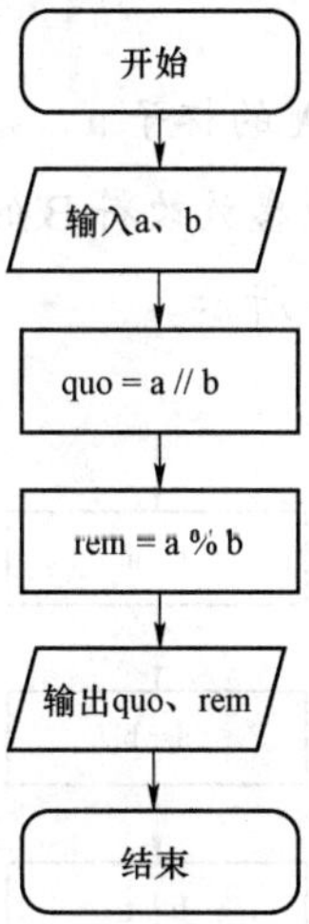

图 3－3　算法流程图

4. 程序设计结构

与其他编程语言一样，按执行流程划分，Python 程序也可分为 3 种基本结构，即顺序结构、选择（分支）结构和循环结构。本项目中重点学习顺序结构，选择结构和循环结构分别在项目 4 和项目 5 中详细讲述。

1）顺序结构

顺序结构是指让程序按照从头到尾的顺序依次执行每一条代码，不重复执行任何代码，也不跳过任何代码。顺序结构流程图如图 3－4 所示，其执行过程为：先执行 A，再执行 B。

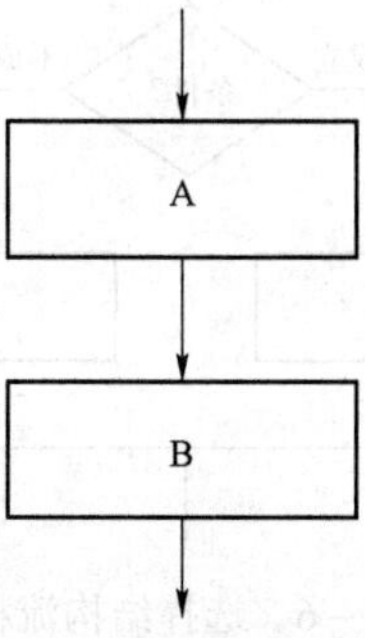

图 3－4　顺序结构流程图

【例 3.4】假设有两种饮料：饮料 A 和饮料 B，现需要互换两种饮料。请设计互换饮料的算法，并画出具体操作流程图。

解：

（1）算法设计如下：

① 取一个空杯子 t。

② 将饮料 A 倒入空杯子 t。

③ 将饮料 B 倒入原盛放饮料 A 的杯子 a。

④ 将杯子 t 中的饮料 A 倒入原盛放饮料 B 的杯子 b。

（2）互换饮料流程图如图 3－5 所示。

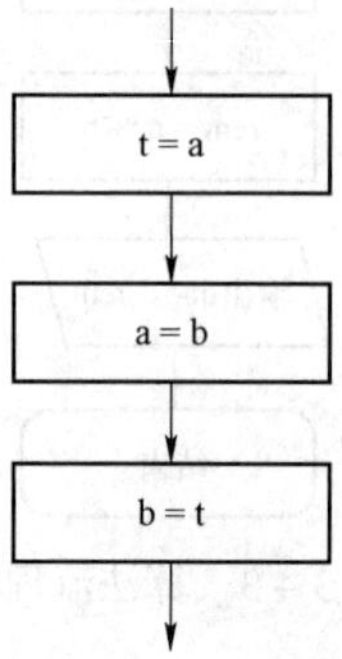

图 3－5　互换饮料流程图

2）选择结构

选择结构也称分支结构，是指有选择性地执行代码，可跳过没用的代码，只执行有用的代码。选择结构流程图如图 3－6 所示，其执行过程为：先判断条件是否成立，如果条件成立，执行 A，否则执行 B。

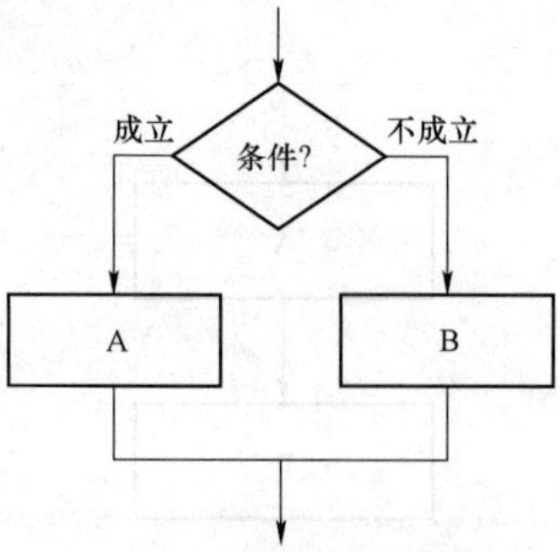

图 3－6　选择结构流程图

3）循环结构

循环结构是指不断地重复执行同一段代码，直到满足循环结束条件。循环结构流程图如图 3－7 所示，其执行过程为：先判断条件是否成立，如果条件成立，执行 A，然后再去判断条件是否成立。当条件不再成立时，则执行 A 后面的其他语句。

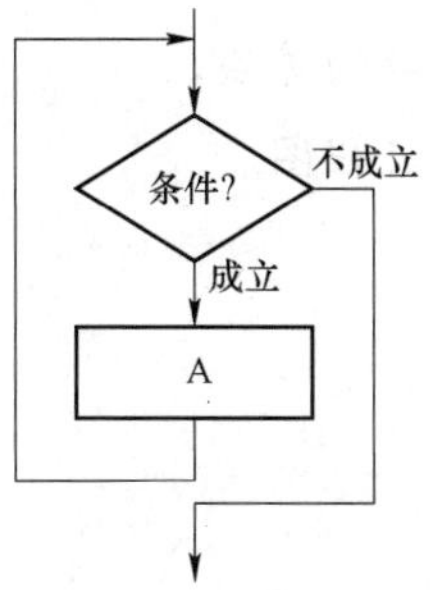

图 3－7　循环结构流程图

3.1.3　任务实施

1. 细化任务

根据任务要求，以苹果、香蕉和牛肉 3 种商品为例，分析要想输出如图 3－1 所示的购物清单信息，需要表示、处理哪些数据和信息。

2. 设计算法，绘制程序流程图

① 设计实现输出购物清单信息的算法。

② 画出实现输出购物清单信息的程序流程图。

3.1.4　知识拓展

假设有一个有解的一元二次方程，方程式如下：

$$Ax^2+Bx+C=0$$

对于该一元二次方程，假设方程有解，则式子$\Delta=B^2-4AC\geqslant 0$，方程有两个相同或者两个不同的解，方程的解为：$x_1=\dfrac{-B-\sqrt{B^2-4AC}}{2A}$

$$x_2=\frac{-B+\sqrt{B^2-4AC}}{2A}$$

求解此方程是一个典型的顺序结构问题。具体求解算法如下：

① 从键盘输入 3 个整数，分别赋值给变量 A、B 和 C。

② 计算 B*B–4*A*C 的值，赋值给变量 delta。

③ 计算方程的解，分别赋值给变量 x1 和 x2。

④ 输出方程的解。

3.1.5 练习题

1. 说说你对算法的理解。
2. 简述一个算法应具备哪些特征。
3. 简述算法的 3 种基本结构。
4. 设计找出 2 个整数中最大数的算法。
5. 画出求整数 x 的绝对值的流程图。

任务 3.2 超市顾客账单系统程序设计

3.2.1 任务分析

通过任务 3.1 的学习，已完成超市顾客账单信息系统界面（如图 3－1 所示）的数据表示和处理，完成算法设计和程序流程图绘制。本任务将以苹果、香蕉和牛肉 3 种商品为例，结合任务 3.1 已设计的算法和程序流程图，采用 Python 语言编程，完成超市顾客账单系统的程序设计。

3.2.2 相关知识

在完成算法设计和流程图绘制后，可将算法的每一个步骤转化为Python程序语句。

【例 3.5】在例 3.1 的算法设计基础上，编写 Python 程序求两个整数的商和余数。

解：算法设计如下：

① 初始化 a 和 b。

② 求 quo=a//b。

③ 求 rem=a%b。

④ 输出结果 quo 和 rem。

Python 语句对应转化如下：

```
a = int(input("输入 a 的值:"))    # 定义变量 a 存放键盘输入整数值
b = int(input("输入 b 的值:"))    # 定义变量 b 存放键盘输入整数值
quo = a // b   # 定义变量 quo,并将求商结果赋值给 quo
rem = a % b   # 定义变量 rem,并将求余结果赋值给 rem
print("quo = %d,rem = %d"%(quo,rem))    # 输出结果
```

【例 3.6】在例 3.4 的基础上，可演变为交换两个整型变量的值。

解：算法设计如下：

① 定义并赋值变量 a 和 b。

② 定义变量 t，并将变量 a 的值赋值给变量 t。

③ 将变量 b 的值赋值给变量 a。

④ 将变量 t 的值赋值给变量 b。

⑤ 输出 a 和 b 的值。

对应算法的代码如下：

```
a = int(input("输入 a 的值:"))  # 键盘输入整数 a 的值
b = int(input("输入 b 的值:"))   # 键盘输入整数 b 的值
print("值交换前 a 和 b 的值:%d,%d"%(a,b))   #输出交换前的值
t = a   # 交换 a 和 b 的值
a = b
b = t
print("值交换后 a 和 b 的值:%d,%d"%(a,b))   #  输出交换后的值
```

3.2.3 任务实施

1. 实现超市顾客账单系统的 Python 程序设计

根据 3.2.1 节的任务分析和 3.2.2 节的相关知识，结合图 3 – 1 所示的程序运行结果，完成超市顾客账单系统的 Python 程序设计，步骤如下：

① 定义 3 个整型（或浮点型）变量，分别存放 3 种商品的数量。

② 定义 3 个浮点型变量，分别存放 3 种商品的单价。

③ 分别对 3 种商品的数量、单价变量赋值。

④ 利用公式计算各商品的价格，定义 1 个变量存放商品的总价。

⑤ 输出购物清单中画出的横线符号。

⑥ 输出购物清单及购物金额。

2. 调试、运行程序

调试、运行编写的 Python 程序，观察运行结果。在调试、运行过程中，如果有错误提示，应检查、纠正错误，然后再调试、运行程序。

请思考：如果顾客购买的商品远不止 3 种？程序将如何实现？

3.2.4 知识拓展

通常，在处理数据时，我们需要将一个数据拆分后再使用。例如，从键盘上任意输入一个 3 位数，分别将其拆分为个位、十位和百位，并输出。

算法设计如下：

① 定义 1 个整型变量存放从键盘输入的 3 位数。

② 利用取整和求余运算分别求 3 位数的个位、十位和百位，并分别赋值给 3 个整型变量。

③ 输出 3 位数的个位、十位和百位。

代码清单如下：

```
data = int(input("请输入一个 3 位数:"))
gewei = data % 10   # 求个位数
shiwei = data / 10 % 10   # 求十位数
baiwei = data // 100   # 求百位数
print("个位数:%d,十位数:%d,百位数:%d "%(gewei,shiwei,baiwei))
```

请思考：如果输入的是任意 4 位数，该如何将其拆分为个位、十位、百位和千位？

3.2.5 练习题

1. 从键盘输入圆的半径，编程计算并输出圆的周长和面积。
2. 已知方程 $x^2-3x+2=0$ 有解，编程计算并输出方程的解。
3. 试编程输出 2 个整数中的大数。
4. 试编程输出整数 x 的绝对值。

项目 4

物流运费折扣系统设计

通过项目 3 的学习，我们已经掌握了顺序结构的相关知识，但在处理实际问题时，我们常常会遇到一些需要选择的问题，并需要针对问题做出选择。例如，游乐场根据年龄段设定门票价格，超市根据顾客购买商品金额设定优惠的折扣，学校根据学生考试成绩划分学生等级，等等。Python 语言提供的“选择（分支）结构”就是用于处理这类问题的。本项目将详细讲解选择（分支）结构语句及其在物流运费折扣系统中的应用。

任务 4.1　物流运费折扣系统算法与流程图设计

4.1.1　任务分析

在物流活动中，运输费用是物流企业、运输企业和客户等都比较关注的问题，是其效益来源之一。在本任务中将学习和运用选择（分支）结构处理物流运费折扣的具体方法。例如，某运输公司因扩大业务需要，在运输费用方面给老客户一定的折扣优惠。运费折扣标准为：如果运费≥8 000 元，则打七五折；如果运费为 5 000～8 000 元，则打八折；如果运费为 3 000～5 000 元，则打九折；如果运费为 1 000～3 000 元，则打九五折；如果运费<1 000 元，则不打折。现需要分析该系统如何实现，并根据上述折扣标准，完成该系统的算法设计和流程图绘制。

4.1.2　相关知识

在任务 3.1 中已简单介绍过选择（分支）结构，本任务将继续介绍选择（分支）结构的相关知识。本任务重点介绍关系表达式、逻辑表达式和选择结构语句。

1. 关系表达式及关系运算符

关系表达式是指用关系运算符将两个表达式（包括算术表达式、关系表达式、逻辑表达式、赋值表达式等）连接起来形成的式子。关系表达式的值为布尔类型，只有 True 和 False 两个值。当关系表达式成立时，其值为 True，即“真”；当关系表达式不成立时，其值为 False，即“假”。Python 提供 6 种常用关系运算符，其优先级（从高到低）及结合性如表 4－1 所示。

表 4－1　Python 中的常用关系运算符

运算符	操作	示例	优先级及结合性
<	小于	x < y	具有相同优先级，优先级高，左结合
<=	小于等于	x <= y	
>	大于	x > y	
>=	大于等于	x >= y	
==	等于，比较两个值是否相等	x == y	具有相同优先级，优先级低，左结合
! =	不等于	x! = y	

【例 4.1】写出判断整型变量 x 为偶数的关系表达式。

解：根据能否被 2 整除（余数为 0）来判断整数是否为偶数，利用求余运算写出判断 x 为偶数的关系表达式为：

```
(x % 2) == 0
```

如果 x 不能被 2 整除，说明该整数为奇数，此时余数为 1，则判断奇数的关系表达式为：

```
(x % 2) == 1
```

【例 4.2】写出判断某门课程成绩（score）及格的关系表达式。

解：通常情况，成绩大于等于 60 分为及格，所以关系表达式为：

```
score >= 60
```

2. 逻辑表达式及逻辑运算符

逻辑表达式是指用逻辑运算符将两个表达式连接起来形成的式子。逻辑表达式的值也为布尔类型，有 True 和 False 两个值，其中 True 表示“真”，False 表示“假”。Python 提供 3 种常用逻辑运算符，其优先级（从高到低）及结合性如表 4－2 所示，其运算真值表如图 4－3 所示。

表 4－2　Python 中的常用逻辑运算符

运算符	操作	示例	优先级及结合性
and	逻辑与	x and y	优先级：not、and、or 结合性：and 和 or 为左结合，not 为右结合
or	逻辑或	x or y	
not	逻辑非	not x	

Python 提供的逻辑运算符的优先级（从高到低）顺序为：not（逻辑非）、算术运算符、关系运算符、and（逻辑与）、or（逻辑或）、赋值运算符。

表 4－3　Python 中的逻辑运算真值表

x	y	x and y	x or y	not x	not y
False	False	False	False	True	True
False	True	False	True	True	False
True	False	False	True	False	True
True	True	True	True	False	False

【例 4.3】写出判断某一年（year）为闰年的逻辑表达式。

解：判断某一年是否为闰年的依据是：如果年份数值能被 4 整除，但不能被 100 整除，则称为闰年；或者能被 400 整除，也称为闰年。因此，逻辑表达式为：

```
((year % 4 == 0)and(year % 100!= 0))or(year % 400 == 0)
```

【例 4.4】已知三角形的三条边为 *a*、*b*、*c*，请写出满足构成一个三角形的逻辑表达式。

解：构成一个三角形的条件是：任意两条边的和大于第三条边。所以，逻辑表达式为：

```
(a + b > c) and (a + c > b) and (b + c > a)
```

3. 选择结构语句

在 Python 中，选择（分支）结构可使用条件语句对条件进行判断，并根据不同的判断结果，执行不同的代码块。Python 的条件语句有 3 种形式，分别为 if 语句、if…else 语句和 if…elif…else 语句。下面将详细介绍这 3 种条件语句。

1）if 语句

if 语句是选择（分支）结构中最简单的单分支结构。在 if 语句执行过程中，先判断表达式是否为真，如果为真，则执行代码块；如果为假，则跳过代码块执行后面的程序。

（1）if 语句的语法格式。

if 语句的语法格式如下：

```
if 表达式:
    代码块
```

【语法格式说明】

- if 语句（if…else 语句、if...elif...else 语句）中的“表达式”可以是任意表达式，其形式不受限制，可以是单一值或单一变量，也可以是由运算符组成的复杂语句。
- if 语句（if…else 语句、if...elif...else 语句）的表达式后面都有冒号“:”。
- “代码块”由具有相同缩进量的若干条语句组成。代码块中的每个语句前用 4 个空格或者一个 Tab 键进行缩进，建议使用 4 个空格，但不能同时使用空格和 Tab 键进行缩进。

（2）if 语句的执行流程图。

if 语句的执行流程图如图 4－1 所示。

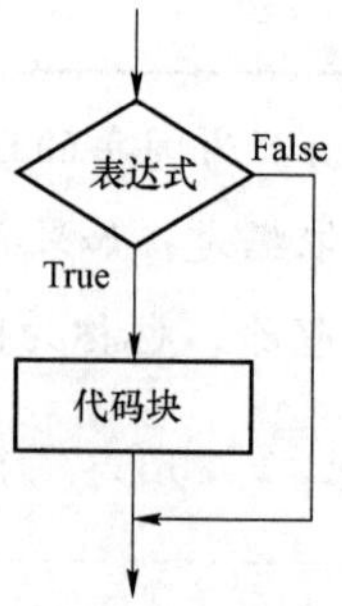

图 4－1　if 语句的执行流程图

【例 4.5】从键盘输入一个整数 x，设计判断该整数是否为偶数的算法，并画出程序流程图。

解：算法设计如下：

① 从键盘输入一个数并转换为整型，赋值给变量 x。

② 如果 x 能被 2 整除，则输出“x 为偶数”。

程序流程图如图 4－2 所示。

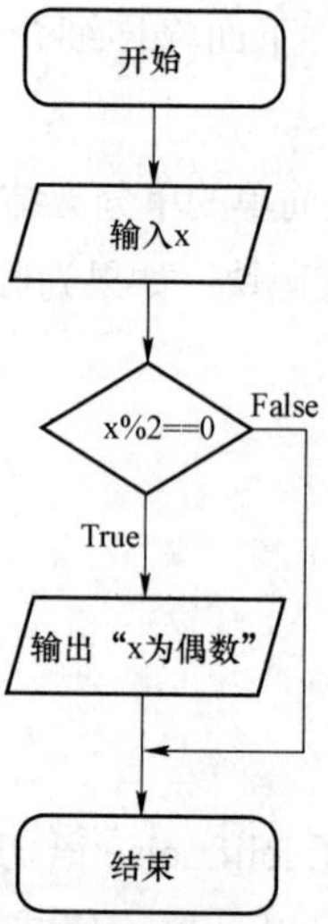

图 4－2　例 4.5 的程序流程图

【例 4.6】从键盘输入某门课程成绩（score），设计判断该成绩是否及格的算法，并画出程序流程图。

解：算法设计如下：

① 从键盘输入一个成绩，赋值给变量 score。

② 如果 score 大于等于 60，则输出“成绩及格！”。

程序流程图如图 4－3 所示。

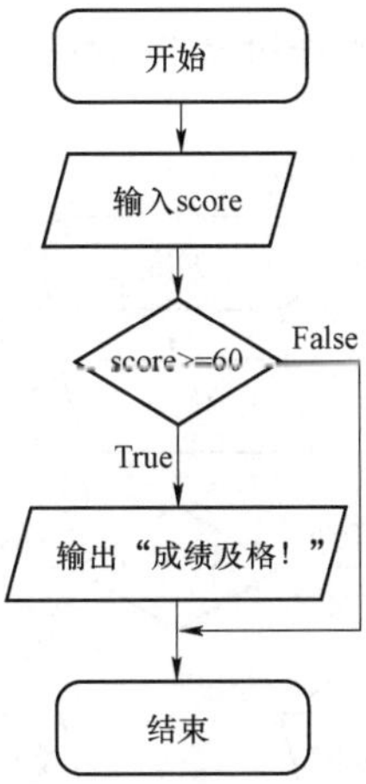

图 4－3 例 4.6 的程序流程图

2）if...else 语句

if...else 语句是选择（分支）结构中的双分支结构，else 不能单独使用，必须与 if 一起配对使用。在 if...else 语句执行过程中，先判断表达式是否为真，如果为真，则执行代码块 1；如果为假，则执行代码块 2。if...else 语句的语法格式如下：

```
if 表达式:
    代码块 1
else:
    代码块 2
```

if...else 语句的执行流程图如图 4－4 所示。

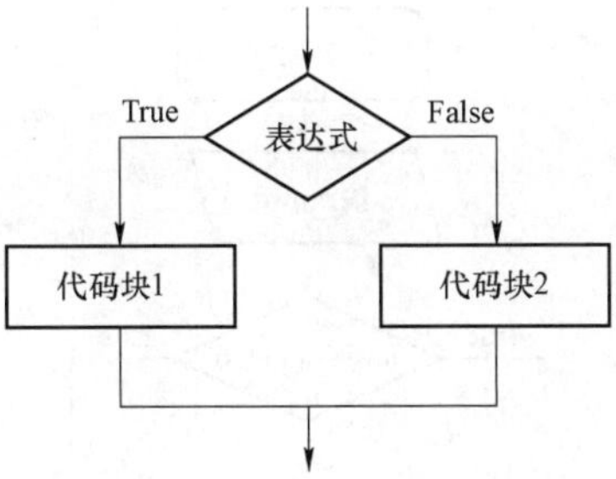

图 4－4 if...else 语句的执行流程图

【例 4.7】 从键盘输入一个整数 x，设计判断该整数是偶数还是奇数的算法，并画出程序流程图。

解：算法设计如下：

① 从键盘输入一个数并转换为整型，赋值给变量 x。

② 如果 x 能被 2 整除，则判断并输出“x 为偶数”；否则，判断并输出“x 为奇数”。

程序流程图如图 4－5 所示。

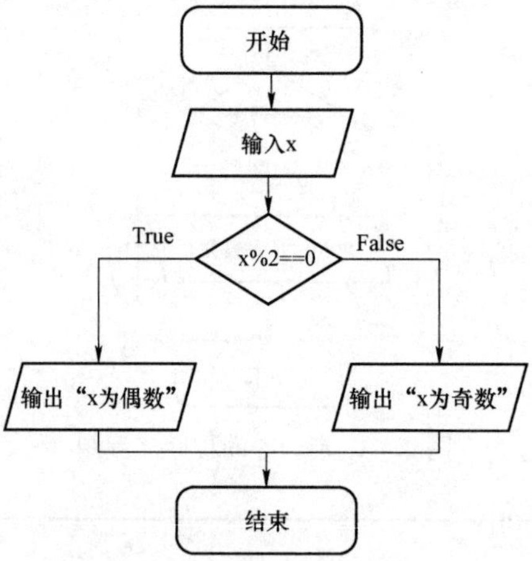

图 4－5　例 4.7 的程序流程图

【例 4.8】从键盘输入一个密码，设计判断该密码是否正确的算法，并画出程序流程图。

解：算法设计如下：

① 从键盘输入一个密码，赋值给变量 pwd。

② 如果输入的密码等于预先设定的密码“123456”，则输出“密码正确”；否则，输出“密码错误”。

程序流程图如图 4－6 所示。

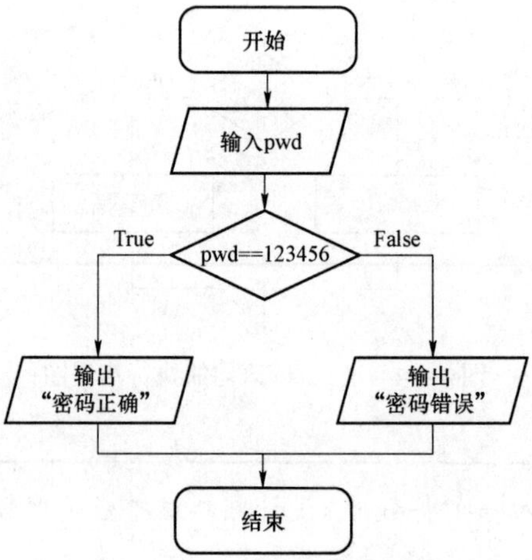

图 4－6　例 4.8 的程序流程图

3）if...elif...else 语句

if...elif...else 语句是选择（分支）结构中的多分支结构，elif 和 else 都不能单独使用，必须与 if 一起配对使用。在 if...elif...else 语句执行过程中，先判断表达式 1，如果为真，则执行代码块 1；否则判断表达式 2，如果为真，则执行代码块 2；……否则判断表达式 *n*，如果为真，则执行代码块 *n*；否则执行代码块 *n*+1。if...elif...else 语句语法格式如下：

```
if 表达式1:
    代码块1
elif 表达式2:
    代码块2
…
elif 表达式n:
    代码块n
else:
    代码块n+1
```

if...elif...else 语句的执行流程图如图 4 – 7 所示。

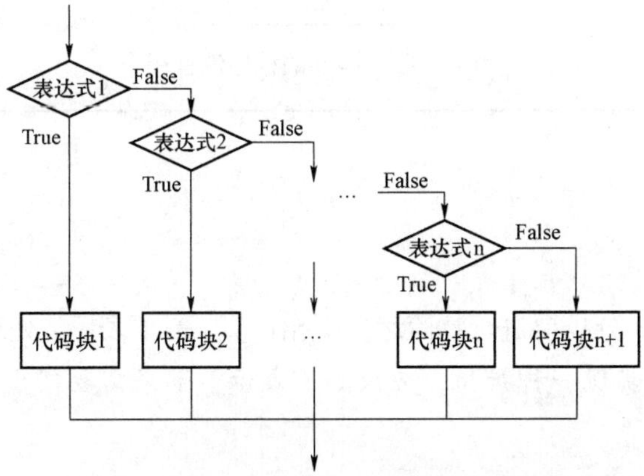

图 4 – 7　if...elif...else 语句的执行流程图

【例 4.9】某超市开展让利活动，当顾客购买商品达到一定金额时，可得到相应折扣优惠。请帮助超市设计输入顾客购物总金额、输出实际应付金额的算法，并画出程序流程图。以下是优惠活动的折扣标准：如果总金额≥10 000 元，打八折；如果 6 000 元≤总金额<10 000 元，打八五折；如果 3 000 元≤总金额<6 000 元，打九折；如果 1 000 元≤总金额<3 000 元，打九五折；如果总金额<1 000 元，不打折。

解：算法设计如下：

① 从键盘输入购买商品的总金额，赋值给变量 payment。

② 利用多分支结构判断表达式，执行相应的代码块。

③ 输出顾客应付实际金额。

程序流程图如图 4－8 所示。

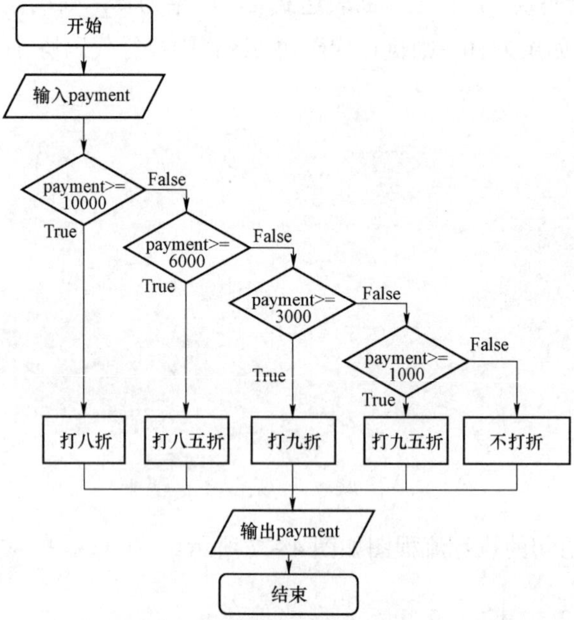

图 4－8 例 4.9 的程序流程图

4.1.3 任务实施

1. 任务细化

根据任务要求，分析要进行物流运费折扣计算，需要表示、处理哪些数据和信息。

思考：如果只实现一种折扣，应该如何表示？如果需要实现所有的折扣，又将如何表示？

2. 设计算法，绘制程序流程图

① 设计计算并输出运费折扣的算法。

② 画出计算并输出运费折扣的程序流程图。

4.1.4 知识拓展

1. if 语句嵌套

前面已详细介绍了 Python 选择（分支）结构的 3 种形式。还需要注意的是，它们之间可以相互嵌套，即将一个条件语句嵌套到另一个条件语句内使用。在程序开发过程中，需要根据应用场景选择合适的嵌套方案。同时还需要注意，在嵌套使用选择（分支）语句时，一定要严格遵守不同级别代码块的缩进规范，避免出现不必要的错误。下面介绍几种常见的条件语句嵌套格式。

1）在 if 语句中嵌套 if...else 语句

语法格式如下：

```
if 表达式 1:
    if 表达式 2:
        代码块 1
    else:
        代码块 2
```

2）在 if...else 语句中嵌套 if...else 语句

语法格式如下：

```
if 表达式 1:
    if 表达式 2:
        代码块 1
    else:
        代码块 2
else:
    if 表达式 3:
        代码块 3
    else:
        代码块 4
```

3）在 if...elif...else 语句中嵌套 if...elif...else 语句

语法格式如下：

```
if 表达式 1:
    代码块 1
    if 表达式 2:
        代码块 2
    elif 表达式 3:
        代码块 3
    else:
        代码块 4
elif 表达式 4:
    代码块 5
else:
    代码块 6
```

【例 4.10】根据相关规定，车辆驾驶员的血液中酒精含量小于 20 mg/100 ml 不构成酒驾；酒精含量大于等于 20 mg/100 ml，小于 80 mg/100 ml 的可认定为酒驾；酒精含量大于等于 80 mg/100 ml 的可认定为醉驾。请设计程序判断车辆驾驶员是否为酒后驾车。

解： 本例题的应用场景可单独使用 if…elif…else 语句实现，也可以使用 if...else 语句嵌套 if...else 语句来实现。算法设计如下：

① 将驾驶员血液中酒精含量赋值给变量 alco。

② 利用多分支结构（if…elif…else 语句）判断表达式，执行相应的代码块。

③ 输出车辆驾驶员是否为酒后驾车。

程序流程图如图 4－9 所示。

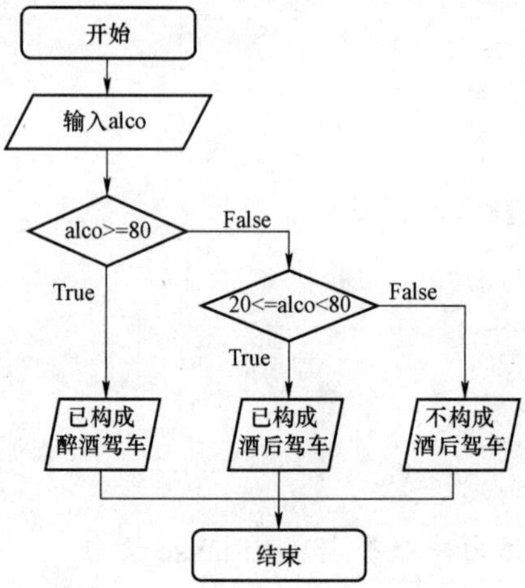

图 4－9 例 4.10 的程序流程图

2. if 语句在求解一元二次方程中的应用

在任务 3.1 中，已运用顺序结构求解一个有解的一元二次方程。现假设有一个一元二次方程，方程式如下：

$$Ax^2 + Bx + C = 0$$

对于该一元二次方程，在未知方程是否有解的情况下，需讨论式子$\Delta=B^2-4AC$的符号。如果$\Delta=B^2-4AC<0$，则说明方程无解；如果$\Delta=B^2-4AC=0$，则说明方程有两个相同的解：$x_1=x_2=-\dfrac{B}{2A}$；如果$\Delta=B^2-4AC>0$，则说明方程有两个不相同的解：$x_1=\dfrac{-B-\sqrt{B^2-4AC}}{2A}$，$x_2=\dfrac{-B+\sqrt{B^2-4AC}}{2A}$。求解此方程则是一个典型的选择结构

问题，可采用 if...elif...else 结构或嵌套 if 语句实现。

具体求解算法如下：

① 从键盘输入 3 个整数，分别赋值给变量 A、B 和 C。

② 计算 B*B–4*A*C 的值，赋值给变量 delta。

③ 利用 if...elif...else 结构判断方程是否有解，若有解则进一步判断解的个数。

④ 计算方程的解，分别赋值给变量 x1 和 x2。

⑤ 输出方程的解。

4.1.5 练习题

1. 从键盘输入 2 个整数，设计将 2 个整数从大到小顺序输出的算法，并画出相应的程序流程图。

2. 从键盘输入 3 个整数，设计从 3 个整数中找出最大数的算法，并画出相应的程序流程图。

3. 从键盘输入一个年份，设计判断该年份是闰年还是非闰年的算法，并画出相应的程序流程图。

4. 已知三角形的三条边为 a、b、c，设计判断这 3 条边是否构成一个三角形的算法，并画出相应的程序流程图。

5. 体重指数（BMI）通常用于评估一个人是否处于健康状态，BMI 计算公式为：BMI=体重/（身高×身高），体重单位为 kg，身高单位为 m。按照我国规定标准，BMI＜18.5 kg/m^2 为消瘦，BMI 在 18.5～23.9 kg/m^2 为正常，BIM 在 24.0～27.9 kg/m^2 为超重，BMI≥28.0 kg/m^2 为肥胖。已知某年轻人的身高（height）和体重（weight），设计一个算法来判断并输出其健康状态，并画出相应的程序流程图。

6. 已知某门课的考试成绩，现需设计一个将成绩转换为相应等级的算法，并画出相应的程序流程图。其中 90～100 分为 A 级，80～89 分为 B 级，70～79 分为 C 级，60～69 分为 D 级，低于 60 分为 E 级。

任务 4.2　物流运费折扣系统程序设计

4.2.1　任务分析

任务 4.1 中已学习了选择（分支）结构的相关知识，完成了物流运费折扣系统的数据表示和处理、算法设计和程序流程图绘制。本任务中，将在任务 4.1 的基础上，根据运费折扣标准（如果运费≥8 000 元，则打七五折；如果运费为 5 000～8 000 元，则打八折；如果运费为 3 000～5 000 元，则打九折；如果运费为 1 000～3 000 元，则打九五折；如果运费<1 000 元，则不打折），以及运费折扣计算公式（折扣后应付运费 = 当前应付运费 × 折扣率），运用 Python 语言的选择结构语句，完成物流运费折扣系统的程序设计。程序运行结果如图 4－10 所示。

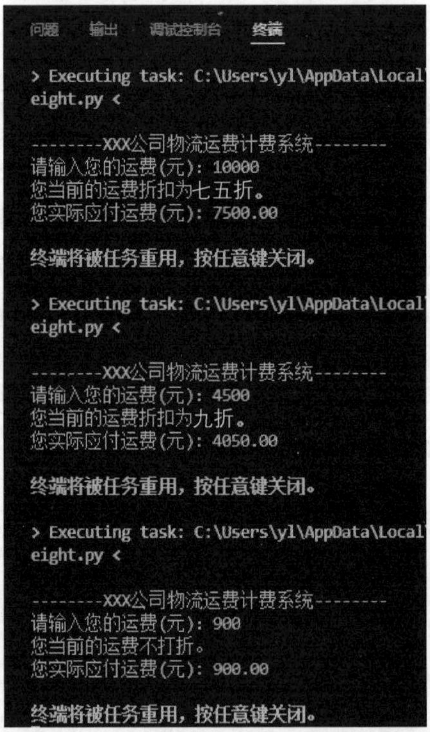

图 4－10　物流运费折扣系统的运行结果

4.2.2　相关知识

在任务 4.1 的基础上，通过实际案例，重点介绍 if 语句、if...else 语句和 if...elif...else 语句 3 种选择结构的程序设计与实现。

1. if 语句的程序设计与实现

【例 4.11】编写程序实现以下功能：从键盘输入某门课程的成绩（score），判断该课程成绩是否及格。

解：代码清单如下：

```
score = float(input("请输入课程成绩:"))
if score >= 60:    # 数值比较，判断是否大于等于 60
    print("课程成绩及格!")
```

程序运行结果如图 4－11 所示。

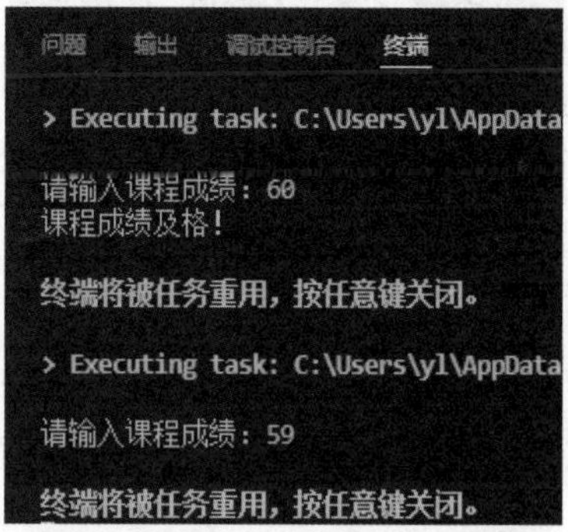

图 4－11　例 4.11 的程序运行结果

从图 4－11 可以看出，对于不及格的成绩，程序没有做任何显示处理。当然，我们可以通过 if...else 语句实现对不及格成绩的处理，代码块如下：

```
if score >= 60:
    print("课程成绩及格!")
else:
    print("课程成绩不及格!")
```

2. if...else 语句的程序设计与实现

【例 4.12】编写程序实现以下功能：从键盘输入两个整数 x 和 y，输出最大的数。

解：代码清单如下：

```
x = int(input("请输入整数 x:"))     # 从键盘输入整数并赋值给整型变量
y = int(input("请输入整数 y:"))
if x > y:        # 数值比较
    max = x      # 存储最大值
```

```
else:
    max = y
print("最大值为:%d" %(max))# 输出最大值
```

程序运行结果如图 4－12 所示。

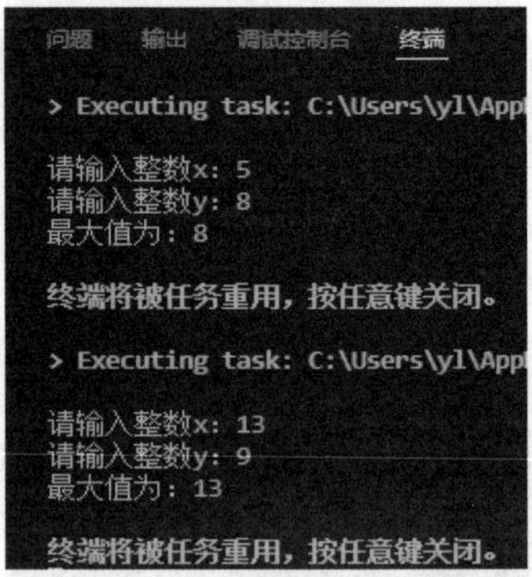

图 4－12　例 4.12 的程序运行结果

【例 4.13】编写程序实现以下功能：从键盘输入一个整数 x，判断该整数是奇数还是偶数。

解：代码清单如下：

```
x = int(input("请输入整数 x:"))
if x % 2 == 0:        # 逻辑条件判断，除以 2 判断余数是否为 0
    print("整数 x 为偶数。")
else:
    print("整数 x 为奇数。")
```

程序运行结果如图 4－13 所示。

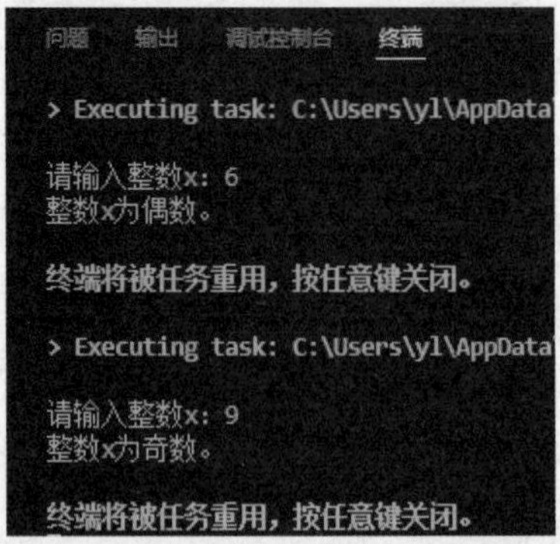

图 4－13　例 4.13 的程序运行结果

【例 4.14】编写程序实现以下功能：从键盘输入一个密码，判断该密码是否正确。

解：代码清单如下：

```
pwd = input("请输入密码:")      # 输入的密码数据为字符串数据
if pwd == '123456':      # 字符串比较，判断输入的密码与预定密码是否匹配
    print("密码正确!")
else:
    print("密码错误!")
```

程序运行结果如图 4 – 14 所示。

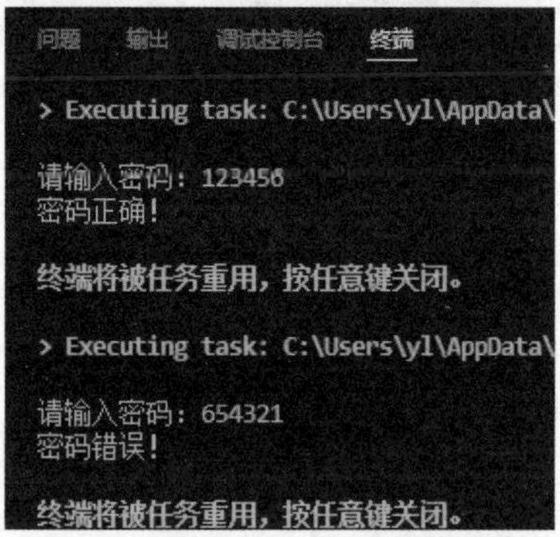

图 4 – 14　例 4.14 的程序运行结果

3. if…elif…else 语句的程序设计与实现

【例 4.15】编写程序实现例 4.10 中车辆驾驶员血液酒精含量的判断，输出驾驶员是否酒后驾车。

解：代码清单如下：

```
# 输入血液酒精含量，转为浮点数
alco = float(input("请录入驾驶员血液酒精含量:"))
if alco < 20:    # 数值比较,判断血液酒精含量范围
    print("驾驶员血液酒精含量为 %.2f mg/100 ml,不构成酒后驾车。" %(alco))
elif alco >= 20 and alco < 80:
    print("驾驶员血液酒精含量为 %.2f mg/100 ml,已构成酒后驾车。" %(alco))
else:
    print("驾驶员血液酒精含量为 %.2f mg/100 ml,已构成醉酒驾车。" %(alco))
```

程序运行结果如图 4 – 15 所示。

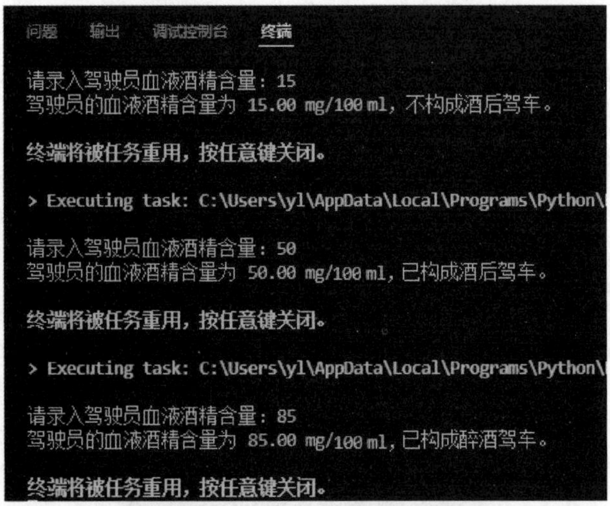

图 4－15　例 4.15 的程序运行结果

【例 4.16】编写程序实现例 4.9 的购物打折优惠活动，输出顾客实际应付购物金额。

解：代码清单如下：

```
payment = float(input("请输入顾客购物总金额(元):"))
if payment < 1000:
    print("当前顾客购物金额不打折。")     # 输出折扣信息
    act_payment = payment    # 不打折
elif payment >= 1000 and payment < 3000:
    print("当前顾客购物金额打九五折。")
    act_payment = payment * 0.95    # 打九五折
elif payment >= 3000 and payment < 6000:
    print("当前顾客购物金额打九折。")
    act_payment = payment * 0.9    # 打九折
elif payment >= 6000 and payment < 10000:
    print("当前顾客购物金额打八五折。")
    act_payment = payment * 0.85    # 打八五折
else:
    print("当前顾客购物金额打八折。")
    act_payment = payment * 0.8    # 打八折
print("当前顾客应付购物金额(元):%.2f" %(act_payment))    # 输出应付金额
```

程序运行结果如图 4－16 所示。

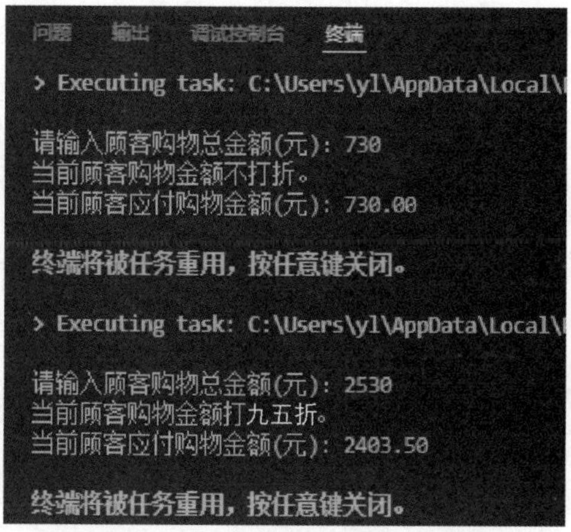

图 4－16　例 4.16 的程序运行结果

4.2.3　任务实施

1. 实现物流运费折扣系统的 Python 程序设计

根据任务 4.1 对物流运费及折扣等数据的表示和处理，以及算法和程序流程图设计，结合图 4－10 中的程序运行结果，运用合适的选择结构语句完成物流运费折扣系统的 Python 程序设计，步骤如下：

① 定义 1 个浮点型变量 freight，存放客户当前运费数据。

② 定义 1 个浮点型变量 act_freight，存储运费打折后客户实际应付的运费。

③ 输出折扣系统中的提示信息。

④ 利用选择结构语句（if...elif...else 语句，或者 if...else 语句嵌套等）判断当前运费属于哪个折扣标准。

⑤ 结合公式“折扣后应付运费 act_freight＝ 当前应付运费 freight ×折扣率”，计算并输出折扣后应付运费及折扣率信息。

2. 调试、运行程序

调试、运行编写的 Python 程序，观察运行结果。在调试、运行过程中，如果有错误提示，应检查、纠正错误，然后再调试、运行程序。

4.2.4　知识拓展

1. if 语句中的缩进及注意事项

在 Python 程序中，通常以缩进方式标记代码块，没有缩进则不是代码块。缩进常常运用于选择结构语句、循环语句、函数等。使用缩进时需注意以下两点。

1）不忘记缩进，不随便缩进

使用选择结构语句时，if、elif 和 else 后面的代码一定要缩进，且缩进量要大于

if、elif 和 else 本身。例如，以下是比较两个整数的大小并输出最小值，出现了代码缩进不规范问题。

```
x = int(input("请输入整数 x:"))
y = int(input("请输入整数 y:"))
if x < y:
print("最小值为:%d" %(x))
else:
print("最小值为:%d" %(y))
```

上述代码书写时，虽然 if 和 else 都对齐，但 print()函数没有缩进。也就是说，if 和 else 没有代码块，将导致 Python 解释器找不到 if 和 else 的代码块而报错。运行上述代码时，Python 解释器报出以下错误信息：

```
SyntaxError:expected an indented block
```

该错误解析为“语法错误：需要一个缩进的代码块”。因此，if 和 else 后面的 print()函数均须缩进，且具有相同的缩进量。代码缩进后的规范写法如下：

```
x = int(input("请输入整数 x:"))
y = int(input("请输入整数 y:"))
if x < y:
    print("最小值为:%d" %(x))
else:
    print("最小值为:%d" %(y))
```

代码块不缩进是错误的，但也不能随便缩进。不需要使用代码块的地方不能缩进，一旦缩进就产生一个代码块，从而导致其他方面的错误。例如，以下程序的作用是输入并验证密码是否正确，出现了代码随意缩进的问题。

```
pwd = input("请输入密码:")
    if pwd == '123456':
    print("密码正确!")
```

其中，if 语句做了缩进，相当于 if 语句也成了一个代码块，但输入赋值语句与 if 语句之间不存在代码块的关系，显然不符合 Python 代码的书写规范和要求。该段代码缩进后的规范写法如下：

```
pwd = input("请输入密码:")
if pwd == '123456':
    print("密码正确!")
```

2）同一个代码块缩进量相同

在 Python 中，没有明确代码块的缩进量。一般情况下，缩进量规范的写法为 4 个空格或者一个 Tab 键，同一个代码块内的所有语句，都必须使用相同格式的缩进量，不能出现一部分语句缩进 2 个空格，一部分语句缩进 4 个空格，或者是一部分多一个空格，一部分少一个空格，均属于不规范的缩进书写，都会导致 Python 解释器解释失败而报错。例如以下代码出现同一代码块中有不同缩进量的规范问题。

```
payment = float(input("请输入顾客购物金额(元):"))
if payment < 1000:
    print("当前顾客购物金额不打折。")
      act_payment = payment
```

运行上述代码时，Python 解释器报出以下语法方面的错误：

```
SyntaxError:expected an indented block
```

该错误解析为“语法错误：意外的缩进”。原因是 print()函数缩进 4 个空格，而 act_payment 缩进了 6 个空格，出现缩进量不同，导致它们不在同一个代码块中。

2. 用 if 语句求解一元二次方程的程序设计与实现

【例 4.17】编写程序实现求解并输出一元二次方程 $Ax^2+Bx+C=0$ 的解。

解：代码清单如下：

```
A = float(input("请输入系数 A:"))
B = float(input("请输入系数 B:"))
C = float(input("请输入系数 C:"))
# 计算方程的 dalta 值
delta = B ** 2 - 4 * A * C
# 判断方程解的个数
if delta < 0:
    print("方程无解!")
elif delta == 0:
    x = B / (-2 * A)
    print("方程有两个相同解:x1 = x2 = %.2f" %(x))# 输出方程的解
else:
    x1 = (B + delta ** 0.5) / (-2 * A)
    x2 = (B - delta ** 0.5) / (-2 * A)
    print("方程有两个不同解:x1 = %.2f,x2 = %.2f" %(x1,x2))
```

程序运行结果如图 4 – 17 所示。

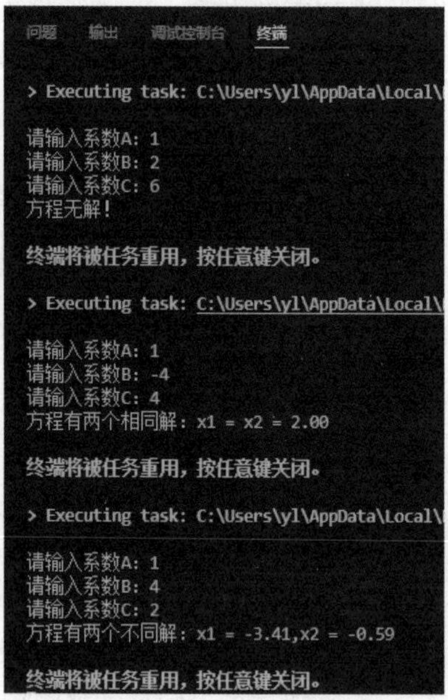

图 4 – 17　例 4.17 的程序运行结果

4.2.5　练习题

1. 编写 Python 程序实现以下功能：将从键盘输入的 2 个整数按从大到小的顺序输出。

2. 编写 Python 程序实现以下功能：查找并输出从键盘输入的 3 个整数中最大的数。

3. 编写 Python 程序实现以下功能：判断从键盘输入的年份是闰年，还是非闰年。

4. 已知三角形的三条边为 a、b、c，编写 Python 程序判断三条边是否构成一个三角形。

5. 编写 Python 程序实现以下功能：通过年龄判断属于哪个年龄段的人。判断依据为：年龄（age）< 12 岁，属于婴幼儿；12 岁≤年龄（age）< 18 岁，属于青少年；18 岁≤年龄（age）< 45 岁，属于成年人；45 岁≤年龄，属于中老年人。

6. 根据 4.1.5 节练习题 5 的体重指数判别标准，编写 Python 程序评估健康状态并将评估结果输出。

7. 编写 Python 程序实现以下功能：将某门课程考试成绩转换为相应等级，其中 90～100 分为 A 级，80～89 分为 B 级，70～79 分为 C 级，60～69 分为 D 级，低于 60 分为 E 级。

项目 5

物流仿真系统登录界面设计

在日常学习、工作和生活中，人们需要处理许多有规律的重复性事务，例如老师统计学生某门课程的成绩，求 100 个自然数的和，软件菜单自动循环，等等。在计算机中，这些工作都非常容易处理。Python 语言提供的 while 语句和 for 语句就是用于实现循环处理的。本项目将详细讲解这两种循环语句及其在物流仿真系统登录界面设计中的应用。

任务 5.1　物流仿真系统登录界面算法与流程图设计

5.1.1　任务分析

通常我们到 ATM 机取钱时，需要输入正确密码才能登录系统进行取钱、修改密码等操作，但是如果输入密码出错超过一定次数，银行卡将被 ATM 机吞掉。又如，通常我们登录某个软件时，如果输入密码错误超过一定次数，软件将被锁死，需要管理员权限才能解锁软件，或者需要间隔一定时间后才能重新输入密码，等等。

在本任务中将学习和运用循环结构语句模拟处理物流仿真系统登录问题。在系统登录界面中可输入用户名和密码，用户输入用户名和密码后，系统提示用户输入的用户名和密码是否正确。如果输入正确，提示用户“系统登录成功!”；如果输入不正确，提示用户“登录失败，请检查用户名和密码是否正确!”，同时提示用户还可以尝试登录的次数。如果用户输入错误达到 3 次，则提示用户“输入错误超过 3 次，请稍后再重新登录!”。现需要分析该系统如何实现，并完成实现该系统的算法和流程图设计。

5.1.2　相关知识

在前面的项目中，已完成顺序结构和选择（分支）结构的学习。本任务将重点学习 Python 语言提供的用于处理有规律的重复性事务的 while 语句和 for 语句。

1. while 语句

在 Python 中，while 循环语句与 if 条件语句类似，都是先进行条件判断，在判断条件（表达式）为真的情况下，执行相应的代码块。两者的不同之处在于，如果条件为真，if 条件语句仅执行一次 if 语句后面的代码块，而 while 循环语句会一直重复执行后面的代码块。

1）while 语句的语法格式

while 语句的语法格式如下：

```
while 表达式:
    代码块
```

在 while 循环语句中，表达式是循环条件，可以是任意类型的表达式，常用表达式有关系表达式、逻辑表达式。代码块是条件成立时需要执行的语句，在程序中表现为缩进格式（通常缩进 4 个空格或 1 个 Tab 键）相同的代码行，在循环结构中也称之为循环体（即代码块，含改变计数器值的语句）。

2）while 语句的执行流程图

while 循环语句执行的具体流程如下：

① 计算并判断表达式的值，如果值为真（True），则执行步骤②；否则跳出循环体，继续执行循环结构后面的语句。

② 执行循环体中的代码块语句。

③ 重复步骤①，即重新判断表达式的值是否为真，若仍为真，则继续执行循环体的代码块语句，直到表达式的值为假（False），才终止循环。

while 循环语句的执行流程图如图 5－1 所示。

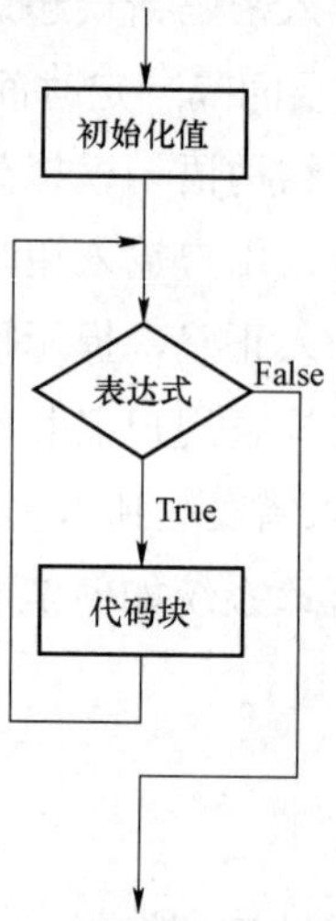

图 5－1　while 循环语句的执行流程图

3）while 语句使用注意事项

① 循环结束由 while 后面的表达式控制（注意循环控制时不要使用浮点型来比较等值），循环体中必须有改变循环控制变量（也称为计数器）值的语句，使循环趋于结束；否则无法结束，导致出现死循环。

② 当循环体中有一条及以上语句时，通过使用相同缩进量使语句形成代码块。

③ 循环结构语句应包括初始化循环控制变量、设置循环条件、编写循环体语句和控制循环变量变化等 4 个方面。

④ while 循环语句主要用于处理未知循环次数的情况。

【例 5.1】 用 while 循环语句设计程序，实现求 1～100 的累加和的算法，并画出程序流程图。

解： 算法设计如下：

① 定义并赋值给变量 sum、i。（变量初始化，sum 存放累加结果，i 为计数器，即循环控制变量）

② while 语句。（设置循环条件）

③ 求和。（编写循环体语句）

④ 被加数变化。（控制循环变量的变化）

⑤ 输出累加和。

程序流程图如图 5－2 所示。

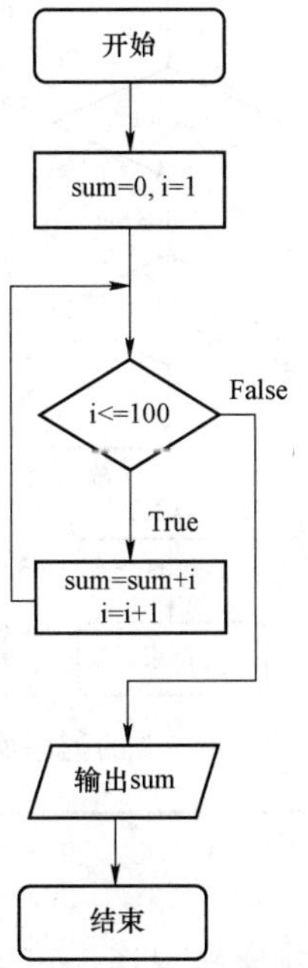

图 5－2　例 5.1 的程序流程图

【例 5.2】 用 while 循环语句设计程序，模拟实现在 ATM 机上连续输入 3 次错误密码，银行卡被吞的算法，并画出程序流程图。

解：算法设计如下：

① 定义并赋值给变量 num。（变量初始化，num 为计数器，即循环控制变量）

② 输入密码并赋值给变量 pwd。

③ while 语句循环 3 次，num<3。（设置循环条件）

④ num<3 时，if 语句判断密码是否正确，并输出信息提示用户。（编写循环体语句）

⑤ 计数器 num 累加。（控制循环变量的变化）

⑥ num≥3 时，输出“3 次密码错误，银行卡已被吞！”。

程序流程图如图 5－3 所示。

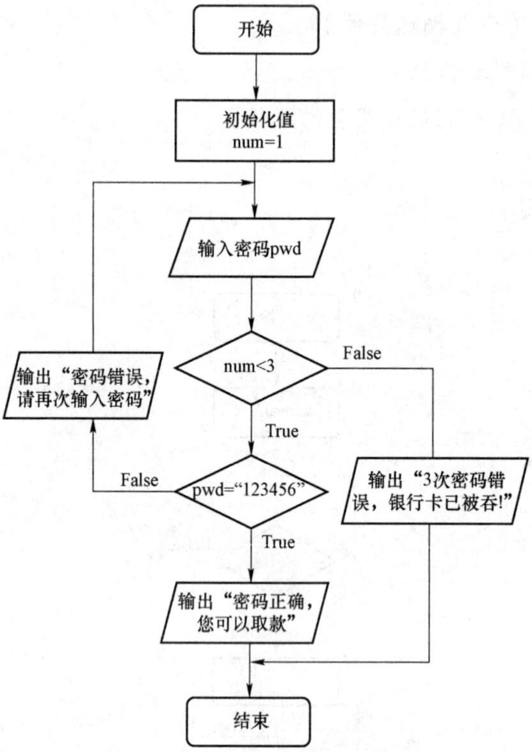

图 5－3　例 5.2 的程序流程图

2. for 语句

相比 while 语句，for 语句相对比较灵活，可用于处理确定循环次数的情况，也可用于处理未知循环次数的情况。for 语句常用于遍历字符串、列表、元组、字典、集合等序列类型，逐个获取序列中的元素。

1）for 语句的语法格式

for 语句的语法格式如下：

```
for 迭代变量 in 序列类型变量:
    代码块
```

for 语句中，迭代变量主要用于存放从序列类型变量（字符串、列表、元组、字典、集合）中读取的元素，一般不在循环中对迭代变量手动赋值；代码块是指具有相同缩进格式的多行代码（与 while 循环语句一样）；代码块也称为 for 语句的循环体。

例如，for 循环遍历字符串的代码如下：

```
str = "Python"
for s in str:
```

```
    print(s)
```

程序输出结果为：

```
Python
```

for 循环遍历数据集合时，通常与 Python 的内置函数 range()结合使用。range()函数用于生成一系列连续整数，其基本结构为 range（start，stop，step），作用为产生一个从 start 数开始，以 step 为步长，至 stop 数结束的数字集合。注意：生成的集合中不包含 stop；start 可以省略，默认值为 0；step 也可以省略，默认值为 1。其语法格式如下：

```
for 变量 in range (start, stop, step):
    代码块
```

例如，以下语句使用 for 循环遍历 range()产生的集合，并把集合中的每一个元素赋值给变量 i，然后输出每一个 i 的值。

```
for i in range (0, 10, 1):
    print ("i=%d" % (i))
```

2）for 语句的执行流程图

for 语句执行的具体流程如下：

① 判断序列中是否有项，如果值为真（True），则执行步骤②；否则跳出循环体，继续执行循环结构后面的语句。

② 读取下一项，执行循环体中的代码块。

③ 重复执行步骤①。

for 语句的执行流程图如图 5－4 所示。

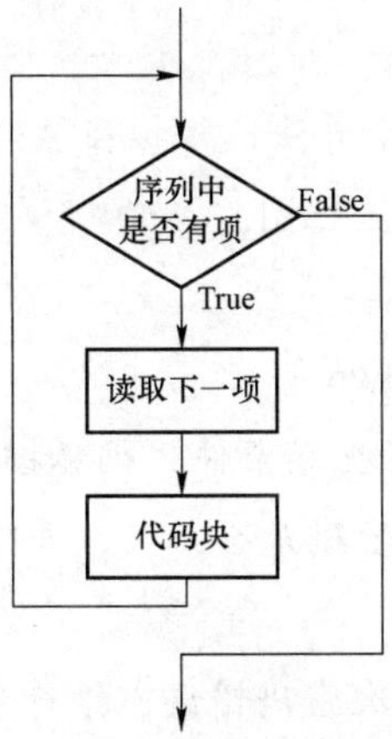

图 5－4　for 语句的执行流程图

【例 5.3】用 for 语句设计一个算法，求 1～100 的整数累加和，并画出程序流程图。

解：算法设计如下：

① 定义并赋值存放累加结果的变量 sum。

② for 语句遍历 range()函数产生的数据集合。（设置循环条件，循环控制变量变化）

③ 读取下一项并赋值给变量 i，求和 sum = sum + i。（控制循环变量的变化，执行循环体语句）

④ 输出累加和。

程序流程图如图 5－5 所示。

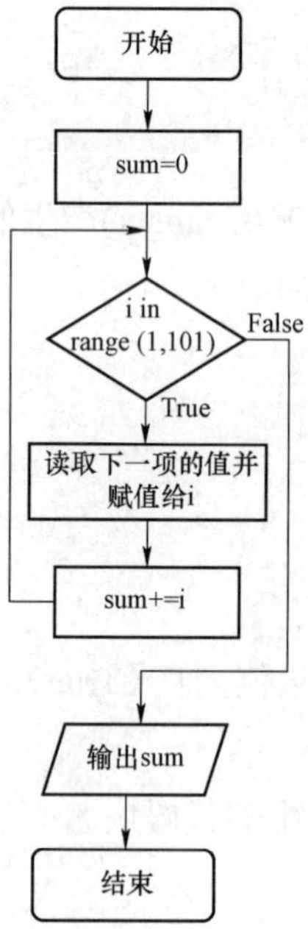

图 5－5　例 5.3 的程序流程图

【例 5.4】用 for 语句设计一个算法，模拟在 ATM 机上连续输入 3 次错误密码，银行卡被吞的情况，并画出程序流程图。

解：算法设计如下：

① 输入密码并赋值给变量 pwd。

② for 语句遍历 3 次。（设置循环条件，循环控制变量变化）

③ 当 num<3，if 语句判断密码是否正确，并输出信息提示用户。（编写循环体语句）

④ 当 num≥3 时，输出“3 次密码错误，银行卡已被吞！”。

程序流程图如图 5－6 所示。

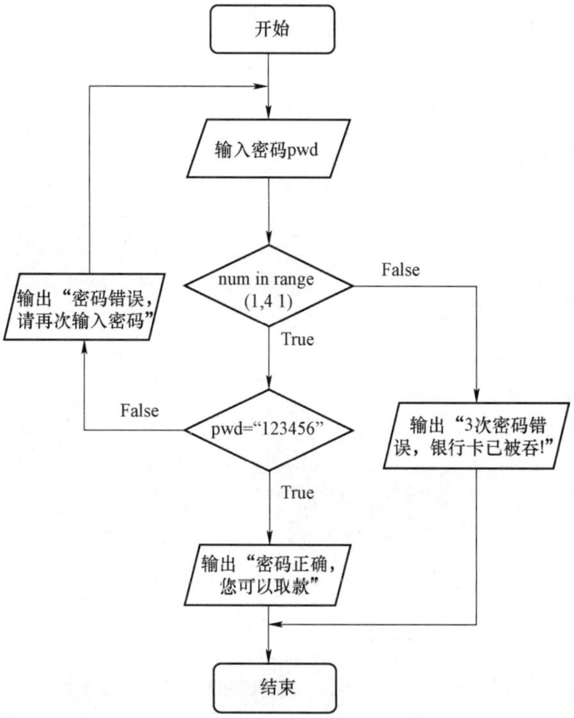

图 5－6　例 5.4 的程序流程图

3. break 语句和 continue 语句

通过前面循环语句的学习，我们已经清楚，当在执行 while 循环或者 for 循环时，只要循环条件满足，程序将会一直执行循环体。但是在某些情况下，我们可能希望在循环结束之前就强制结束循环。Python 语言提供了 break 和 continue 两种强制结束循环的语句。

1）break 语句和 continue 语句的主要作用

① 使用 break 语句，立即终止当前循环的执行，完全跳出当前所在的循环。例如，你原计划在操场跑 10 圈，当你跑到第 3 圈时，突然发现有很紧急的事情需要去处理，于是你立即停止跑步，离开操场。此类情形，相当于使用 break 语句提前结束循环。

② 使用 continue 语句，跳过执行本次循环体中剩余的代码，而跳转执行下一次循环。例如，你原计划在操场跑 10 圈，当你跑到 3 圈半时，突然电话响了，此时你停止跑步接电话；但接完电话后，你并没有继续跑剩下的半圈，而是直接跑第 4 圈。此类情形，相当于使用 continue 语句结束本次循环，跳转进入下一次循环。

2）break 语句和 continue 语句在循环中的应用

（1）break 语句在循环中的应用

例如，下面代码中的 break 语句，表示当 i 的值为 1 时结束，并跳出 while 循环。

```
i = 5
while i > 0:
    i -= 1
    if i == 1:
        break
    print(i)
print("结束循环")
```

程序输出结果为：

```
4
3
2
结束循环
```

（2）continue 语句在循环中的应用

例如，下面代码中的 continue 语句，表示当 i 的值为 2 时，结束本次循环，不执行 print（i），转入下一次循环。

```
i = 5
while i > 0:
    i -= 1
    if i == 2:
        continue
    print(i)
print ("结束循环")
```

程序输出结果为：

```
4
3
1
0
结束循环
```

4. pass 语句

pass 语句是 Python 中的空语句，其主要作用是保持程序结构的完整性。在程序中，pass 语句不做任何事情，一般仅用作占位语句。例如，我们在编写程序的时候，希望某个事件暂时不做处理，通常的做法是用注释来说明，但如果希望能留出位置或者放一条语句，可通过 pass 语句来实现，示例代码如下：

```
for character in "Hello Python":
    if character == ' ':          # 检测到空格时暂不处理
        pass
    print("当前字母:",character)
```

5.1.3 任务实施

1. 任务细化

根据任务要求，运用所学的循环结构及其他相关知识，模拟实现物流仿真系统登录界面的设计。用户登录系统需求如下：

① 输入用户名和密码。

② 判断用户名和密码是否正确（name="root"，pwd="123456"）。

③ 只有 3 次登录机会，如果出错超过 3 次会报错。

输出提示信息要求：

① 如果用户输入正确，提示用户“系统登录成功！”。

② 如果用户输入不正确，提示用户“登录失败，请检查用户名和密码是否正确！”，同时提示用户还可以尝试登录的次数。

③ 如果用户输入错误 3 次及以上，则提示用户“输入错误超过 3 次，请稍后再重新登录！”。

2. 设计算法，绘制程序流程图

① 设计物流仿真系统登录界面的算法。

② 画出物流仿真系统登录界面的程序流程图。

5.1.4 知识拓展

1. 循环结构中 else 的用法

在 Python 中，while 循环和 for 循环后面均可紧跟一个 else 代码块，其主要作用是当循环条件为 True 时，先执行循环体，再执行 else 后面的代码块；但当循环条件为 False 跳出循环时，不执行循环体，只执行 else 后面的代码块。需要注意的是，如果使用 break 语句终止并跳出 while 循环或者 for 循环，while 循环和 for 循环所对应的 else 后面的代码块均不执行。

1）while…else…循环

while…else…循环的语法格式如下：

```
while 表达式:
    代码块 1
else:
    代码块 2
```

while…else…循环的执行流程为：如果 while 后面的表达式的值为 True，正常执行 while 的循环体（即代码块 1，含改变计数器值的语句），执行完后，再执行 else 代码块（即代码块 2）；但如果 while 后面的表达式的值为 False，则直接执行 else 后面的代码块。例如，下面的代码循环输出数字 num，并判断其大小范围。

```
num = 0
while num < 5:
    print("%d 小于 5" %(num))
    num = num + 1
else:
    print("%d 大于或等于 5" %(num))
```

程序输出结果为：

```
0 小于 5
1 小于 5
2 小于 5
3 小于 5
4 小于 5
5 大于或等于 5
```

2）for…else…循环

for…else…循环的语法格式如下：

```
for 变量 in 可迭代对象:
    代码块 1
else:
    代码块 2
```

for…else…循环的执行流程与 while…else…循环的执行流程类似，此处不再赘述。

2. 循环嵌套及用法

Python 支持选择结构语句（if 语句）相互嵌套，也支持循环结构语句（while 语句、for 语句）相互嵌套。当 2 个或多个循环结构语句相互嵌套使用时，位于外层的循环结构语句称为外循环，位于内层的循环结构语句称为内循环，循环嵌套的执行流程图如图 5－7 所示。

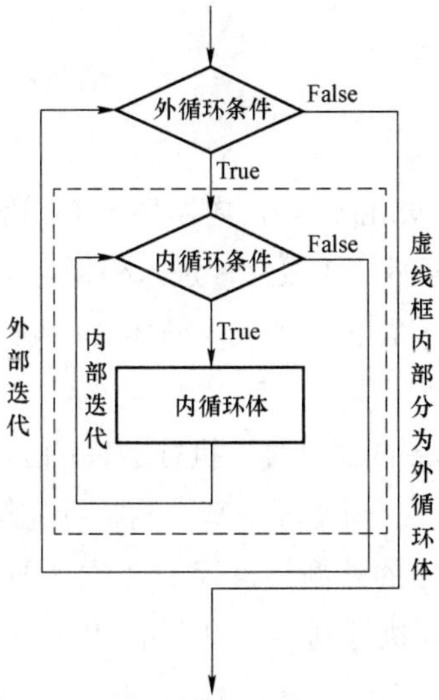

图 5－7　循环嵌套的执行流程图

Python 解释器执行循环结构嵌套的流程为：

① 当外循环条件为 True 时，执行外循环体。

② 当外循环体包含普通程序语句和内循环时，如果内循环条件为 True，则执行内循环体，直到内循环条件为 False，结束并跳出内循环。

③ 内循环结束后，如果外循环条件仍为 True，则返回执行②，继续执行外循环体，直到外循环的条件为 False，结束并跳出外循环。

④ 当内循环和外循环的循环条件都为 False 时，整个嵌套循环才算执行完毕。

例如，在下面的代码中，while 语句与 for 语句嵌套使用：

```
i = 1
while i < 3:
    for j in range(1,5,1):
        print("i=%d j=%d" %(i,j))
    i = i+1
```

程序运行结果为：

```
i= 1  j= 1
i= 1  j= 2
i= 1  j= 3
i= 1  j= 4
i= 2  j= 1
i= 2  j= 2
i= 2  j= 3
i= 2  j= 4
```

上述例子中，外循环为 while 语句，内循环为 for 语句。程序执行流程如下：

① i 初始值为 1，循环条件 i<3 成立，进入外循环 while 执行外循环体。

② j 从 1 开始，由于 j<5 成立，进入内循环 for 执行内循环体，直到 j=5 不满足循环条件，终止并跳出 for 循环体。

③ 继续执行外循环 while 的循环体，执行 i=i+1 语句，如果 i<3 还成立，则跳转②继续执行；直到 i<3 不成立，则循环嵌套结构执行完毕。

经上述分析可知，该程序的外循环执行了 2 次（即 i=1 和 i=2），每执行一次外循环，内层循环都从 j=1 循环执行到 j=4。因此可以算出该嵌套循环结构执行的总次数为 8 次，即

嵌套循环执行的总次数 = 外循环执行次数×内循环执行次数

5.1.5 练习题

1. Python 语言提供的实现循环结构的语句有__________语句和__________语句。

2. break 语句在循环体中的作用是______________________________，
continue 语句在循环体中的作用是______________________________。

3. 分析以下程序，写出该程序中循环执行的总次数，以及程序运行结果。

```
for i in range (4):
      for j in range (3):
         print ("i=%d j=%d" % (i, j))
```

4. 设计输出 0 到 100 之间所有偶数和的算法，并画出相应的程序流程图。

5. 输入两个正整数，设计计算并输出其最大公约数和最小公倍数的算法，并画出相应的程序流程图。

6. 输入一个正整数，设计判断该数是不是素数的算法，并画出相应的程序流程图。

7. 设计输出九九乘法口诀表的算法，并画出相应的程序流程图。九九乘法口诀

表的输出形式如图 5－8 所示。

```
1 * 1 = 1
1 * 2 = 2    2 * 2 = 4
1 * 3 = 3    2 * 3 = 6     3 * 3 = 9
1 * 4 = 4    2 * 4 = 8     3 * 4 = 12    4 * 4 = 16
1 * 5 = 5    2 * 5 = 10    3 * 5 = 15    4 * 5 = 20    5 * 5 = 25
1 * 6 = 6    2 * 6 = 12    3 * 6 = 18    4 * 6 = 24    5 * 6 = 30    6 * 6 = 36
1 * 7 = 7    2 * 7 = 14    3 * 7 = 21    4 * 7 = 28    5 * 7 = 35    6 * 7 = 42    7 * 7 = 49
1 * 8 = 8    2 * 8 = 16    3 * 8 = 24    4 * 8 = 32    5 * 8 = 40    6 * 8 = 48    7 * 8 = 56    8 * 8 = 64
1 * 9 = 9    2 * 9 = 18    3 * 9 = 27    4 * 9 = 36    5 * 9 = 45    6 * 9 = 54    7 * 9 = 63    8 * 9 = 72    9 * 9 = 81
```

图 5–8　九九乘法口诀表的输出形式

8. 设计输出如图 5–9 所示的图案的算法，并画出相应的程序流程图。

```
*
***
*****
*******
*********
```

图 5–9　习题 8 的输出图案

9. 图 5－10 是一个学生管理系统的功能菜单，用户可根据实际选择不同功能（1 为登录，2 为注册，3 为退出）。设计实现该功能菜单的算法，并画出相应的程序流程图。

```
-----------欢迎使用学生管理系统-----------
选择1：登录    选择2：注册    选择3：退出
请选择:1
登录成功!
-----------欢迎使用学生管理系统-----------
选择1：登录    选择2：注册    选择3：退出
请选择:2
注册成功!
-----------欢迎使用学生管理系统-----------
选择1：登录    选择2：注册    选择3：退出
请选择:3
退出系统!
----------------谢谢使用----------------
```

图 5–10　习题 9 的功能菜单

任务 5.2　物流仿真系统登录界面程序设计

5.2.1　任务分析

任务 5.1 已完成循环结构语句相关知识的学习，完成了物流仿真系统登录界面的数据表示和处理，以及算法的设计和程序流程图绘制。本任务中，根据系统登录界面设计需求，以及使用时需要输出的提示信息，运用 Python 语言的循环结构语句，完成物流仿真系统登录界面的程序设计。物流仿真系统登录界面如图 5－11 所示。

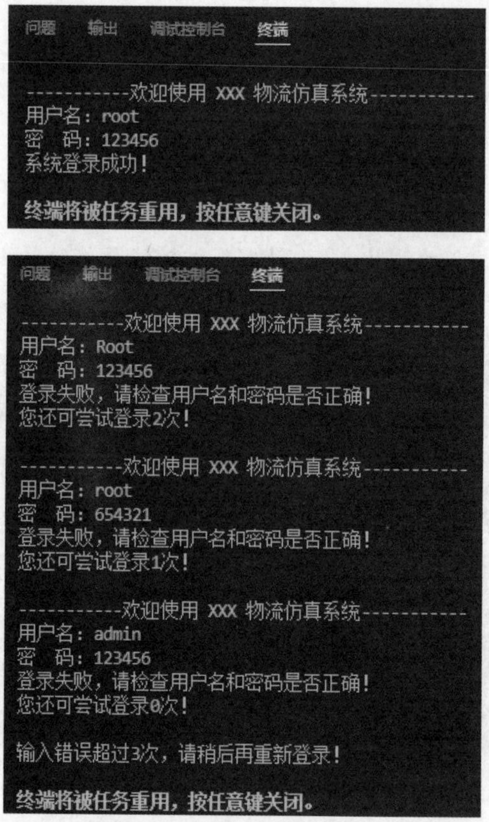

图 5－11　物流仿真系统登录界面

5.2.2　相关知识

本任务在任务 5.1 的基础上，用 Python 语言中的 while 语句和 for 语句设计程序。

【例 5.5】编写 Python 程序，输出 1 到 100 的整数累加和。

解：用 while 语句和 for 语句分别实现程序设计，代码清单如下。

（1）while 语句实现的程序设计

```
i = 1         # 计数器 i
sum = 0     # sum 存放累加和,初始值为 0
while i <= 100:
    sum += i      # 累加每一项
    i += 1        # 计数器自增,步长为 1
print("sum = %d" %(sum))     # 输出累加和
```

（2）for 语句实现的程序设计

```
sum = 0     # 存放累加和,初始值为 0
for i in range(1,101,1):  # 遍历 1 到 100,步长为 1,并取 1 到 100 赋值给 i
    sum += i     # 累加每一项
print("sum = %d" %(sum))     # 输出累加和
```

程序运行结果如图 5－12 所示。

图 5－12　例 5.5 的程序运行结果

【例 5.6】 编写 Python 程序，输出 0 到 100 之间所有偶数的和。

解：用 while 语句和 for 语句分别实现程序设计，代码清单如下。

（1）while 语句实现的程序设计

```
i = 0         # 计数器 i,初始值为 0
sum = 0      # sum 存放累加和,初始值为 0
while i <= 100:
    sum += i     # 累加每一项
    i += 2       # 计数器自增,步长为 2
print("sum = %d" %(sum))     # 输出偶数的和
```

（2）for 语句实现的程序设计

```
sum = 0    # 存放累加和,初始值为 0
for i in range(0,101,2):  # 遍历 0 到 100,步长为 2,并取值赋给 i
    sum += i    # 累加每一项
print("sum = %d" %(sum))    # 输出偶数的和
```

程序运行结果如图 5－13 所示。

图 5－13　例 5.6 的程序运行结果

思考：如果将本例题改为：求 1 到 100 之间所有奇数的和，程序又将如果实现？

【例 5.7】根据例 5.2 和例 5.4 已完成的算法和程序流程图，编写 Python 程序，模拟在 ATM 机上连续输入 3 次错误密码，银行卡被吞的操作。

解：用 while...else 语句和 for...else 语句两种方法进行程序设计，代码清单如下。

（1）while…else 语句实现的程序设计

```
num = 1    # 初始化计数器
pwd = input("请输入密码:")    # 输入密码
while num < 3:
    if pwd == "123456":      # 输入密码与预置密码比较
        print("密码正确,您可以取款!")
        break    # 退出循环
    else:
        input("密码错误,请再次输入密码:")
    num += 1     # 计数器自增,步长为 1
else:
    print("3 次密码错误,银行卡已被吞!")  # 输出报错信息
```

（2）for…else 语句实现的程序设计

```
pwd = input("请输入密码:")    # 输入密码
for num in range(1,3,1):   # 遍历 3 次
```

```
    if pwd == "123456":     # 输入密码与预置密码比较
        print("密码正确,您可以取款!")
        break    # 退出循环
    else:
        input("密码错误,请再次输入密码:")
else:
    print("3 次密码错误,银行卡已被吞!")     # 输出报错信息
```

程序运行结果如图 5－14 所示。

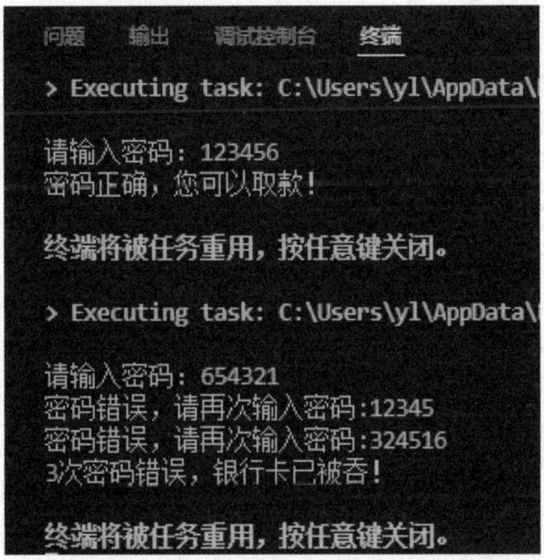

图 5－14　例 5.7 的程序运行结果

5.2.3　任务实施

1. 实现物流仿真系统登录界面的 Python 程序设计

根据任务 5.1 完成的物流仿真系统登录界面的算法和流程图设计，结合如图 5－11 所示的程序运行界面，分别运用 while 语句和 for 语句完成物流仿真系统登录界面的 Python 程序设计。

系统登录界面设计需求：

① 输入用户名和密码。

② 判断用户名和密码是否正确（name="root"，pwd="123456"）。

③ 只有 3 次登录机会，如果出错超过 3 次会报错。

系统输出提示信息要求：

① 如果用户输入正确，提示用户“系统登录成功!”。

② 如果用户输入不正确，提示用户“登录失败，请检查用户名和密码是否正确!”，同时提示用户还可以尝试登录的次数。

③ 如果用户输入错误 3 次及以上，则提示用户“输入错误超过 3 次，请稍后再重新登录!”。

2. 调试、运行程序

调试、运行上述 Python 程序，观察运行结果。在调试、运行过程中，如果有提示错误，应检查、纠正错误，然后再调试、运行程序。

5.2.4 知识拓展

1. Python 嵌套循环实现图案打印

【**例 5.8**】编写 Python 程序，输出如图 5-15 所示的图案。

```
*
**
***
****
*****
******
```

图 5-15 例 5.8 的输出图案

解：通过观察分析图 5-15 中的图案可知，该图案共有 6 行星号 (*)，当前行输出星号个数等于当前的行数。类似的图案输出通常采用循环嵌套的方式实现，本例采用 while 语句嵌套 while 语句实现程序设计。代码清单如下：

```
index = 1    # 初始化外循环控制变量
while index <= 6:    # 设置打印星号的行数,6 行
    i = 1  # 初始化内循环控制变量
    while i <= index:    # 设置每行打印星号的个数
        print("*",end = "")    # end = ""表示输出后不换行
        i += 1    # 内循环控制变量自增,步长为 1
    print()    # 内循环结束后换行
    index += 1  # 外循环控制变量自增,步长为 1
```

程序运行结果如图 5-16 所示。

思考：如果输出的行数可用键盘输入控制，程序将如何实现?

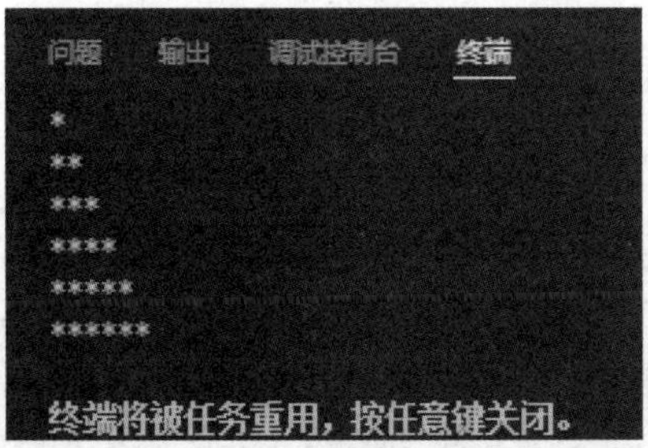

图 5 - 16　例 5.8 的程序运行结果

2. Python 嵌套循环实现冒泡排序

冒泡排序是计算机科学领域的较简单直观的排序算法，也是一种较为稳定的排序算法。

冒泡排序算法的原理为：重复扫描待排序的序列，同时比较每一对相邻元素，当该对元素顺序不正确时进行交换。重复上述过程，直到任何两个相邻元素不需要再交换，则说明排序完成。冒泡排序算法是循环语句嵌套程序设计的典型应用。

【例 5.9】 编写 Python 程序，对 10 个整数按从大到小的顺序排序输出。

解：本例可选择采用冒泡排序算法实现程序设计，代码清单如下：

```
lst = [5,3,20,17,34,68,92,73,9,121]    # 需要排序的数据
n = len(lst)    # 计算列表元素个数,即长度
# 打印排序前列表所有元素
print("排序前的列表:")
for i in range(n):
    print("%d " %(lst[i]),end="")    # 打印每个元素后不换行
print()   # 打印完所有元素后换行
# 本案例中冒泡排序算法的核心是采用 for 语句与 for 语句嵌套遍历列表所有元素
for i in range(n):     # 遍历的趟数
    for j in range (0, n-i-1):     # 每趟遍历的次数
        if lst[j] < lst[j+1]:    # 比较相邻两个数的大小
            lst[j],lst[j+1] = lst[j+1],lst[j]
# 若后者比前者大,交换位置
# 打印排序后列表所有元素
print("排序后的列表:")
for i in range(n):
```

```
    print("%d " %(lst[i]),end="")    # 打印每个元素后不换行
print()    # 打印完所有元素后换行
```

程序运行结果如图 5 – 17 所示。

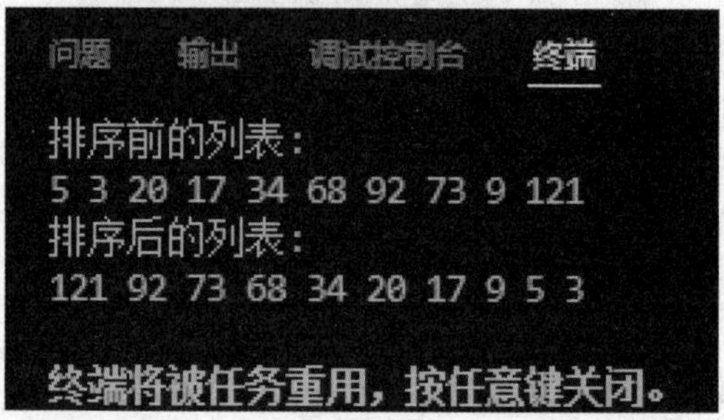

图 5 – 17　例 5.9 的程序运行结果

思考：如果对某列表中的数字按从小到大的顺序输出，程序将如何实现？

5.2.5　练习题

1. 编写 Python 程序，计算并输出 s=1 – 2+3 – 4+…+99 – 100。

2. 编写 Python 程序实现以下功能：输入两个正整数，计算并输出其最大公约数和最小公倍数。

3. 编写 Python 程序实现以下功能：输入一个正整数，判断该数是不是素数，并将其输出。

4. 编写 Python 程序实现，输出如图 5–8 所示的九九乘法口诀表。

5. 编写 Python 程序，实现如图 5 – 10 所示的学生管理系统界面。

项目 6

物流货架储位测算系统设计

在项目 2 中，已重点学习了 Python 的两种数据类型：数字类型和字符串类型，其中数字类型包含 int（整数）、float（浮点数）、complex（复数）和 bool（布尔型）4 种类型。

在 Python 编程中，通常情况下，处理简单问题时通过单一独立的变量来存储和处理数据即可，但有时候也需要存储和处理大量的数据。例如，需要统计某专业某门课程的成绩时，学生人数可能多达成百上千，如果还定义数字型变量存储成绩，就必须定义成百上千个变量，在程序设计中显然不现实。字符串类型变量虽然能处理大量的字符型数据，但还是不足以处理大量、众多类型的数据。本项目将介绍 Python 的内置的列表、元组、字典和集合等序列数据类型的相关知识及其在物流货架储位测算系统中的应用。

任务 6.1　物流货架储位测算系统算法设计

6.1.1　任务分析

本任务将以某物流公司的立体仓库的货架储位为模型，统计测算当前货架储位的使用情况，以便机器人快速完成立体仓库的出入库作业。假设立体仓库有 5 层，每层 10 个储位，每个储位有可用和不可用两种状态。立体仓库的 50 个储位均单独编号，可按 1～50 连续编号，也可分层编号，每层从 1 到 10 连续编号，还可用其他编号方法。如果某编号储位有货物，则用数字“1”标识储位的工作状态，表示当前储位不可用；如果储位当前为无货物，则用数字“0”标识储位的工作状态，表示储位可用。

现需要分析如何实现货架储位工作状态的标识和存储，如何统计、测算和查询货位的使用状态，并完成实现该系统的算法设计和流程图设计。

6.1.2　相关知识

序列是指按特定顺序依次排列的一组数据。相比单个变量，序列较适合大量的数据存储和处理，其中数据可占用一块连续的内存，也可分散到多块内存中。在 Python 语言中，序列类型包括列表（list）、元组（tuple）、字典（dict）和集合（set）。

列表（list）和元组（tuple）比较相似，都是有序集合，按顺序保存元素，所有元素占用一块连续的内存，每个元素都有自己的位置（即索引），因此，在访问列表或元组中的任意元素时，只需将索引（index）告诉 Python 的解释器即可。而字典（dict）和集合（set）存储的数据是无序的，其元素占用的内存空间不连续，其中字典元素以键值对（key：value）的形式保存。

1. 列表

列表（list）是指由一些按特定顺序排列的元素组成的序列。列表可存储整数、浮点数、字符串、列表、元组等任何类型的数据，且在同一个列表中的元素不需要具有相同的数据类型，元素之间也可以没有任何关系。但为提高程序的可读性，通常情况下，建议同一列表中只放入同一类型的数据。在 Python 语言中，对列表的常用操作包括创建列表、访问列表元素，以及修改、添加、删除列表元素等。

1）创建列表

在 Python 语言中，创建一个列表时，需要用方括号“[ ]”将元素括起来，并用逗号分隔相邻的元素，具体格式如下：

```
listname = [element1, element2, element3, ..., elementn]
```

其中，listname 为列表名称，element1，element2，element3，...，elementn 分别表示列表的 *n* 个元素。

【例 6.1】创建列表。

解：以下为分别创建了 list1、list2、list3 和 list4 等 4 个列表示例。

```
list1=[ ]   # 创建一个空列表
list2=[1,2,3,4,5,6,7,8,9,10]   # 创建含有 10 个元素的列表 list2
list3=["a","b","c","d","e","f","g","h"]   # 创建含 8 个字符的列表 list3
list4=["Hello","Python","World",100,250,"abc","efg"]   # 创建列表 list4
```

2）访问列表元素

列表是有序的集合，其中每个元素都有对应的位置值（即索引）。与字符串的索引一样，列表第一个元素的索引为 0（从 0 开始，而不是 1），第二个元素的索引为 1，依此类推。在 Python 语言中，可通过元素的索引访问列表中的任意元素。在访问时，只需将索引告诉 Python 解释器即可。列表可通过索引对列表元素进行访问、截取、组合等操作。使用索引访问列表元素的格式如下：

```
listname[index]
```

其中，listname 表示列表名，index 表示索引值。列表的索引可以是正数，也可以是负数。

【例 6.2】通过索引访问并输出 list 列表的第 1 个和第 2 个元素。

解：程序代码清单如下：

```
list = ['red','yellow','blue','green','white','black']
print(list[0])
print(list[1])
```

代码的执行结果为：

```
red
yellow
```

索引除了从 0 开始，也可以从尾部开始，从尾部开始时最后一个元素的索引为 −1

（注意不是 0），倒数第 2 个元素的索引为 – 2，倒数第 3 个元素的索引为 – 3，以此类推。

【例 6.3】 通过索引访问并输出 list 列表的最后 2 个元素。

解：程序代码清单如下：

```
list = ['red','yellow','blue','green','white','black']
print (list[-1])
print (list[-2])
```

等同于：

```
list = ['red', 'yellow', 'blue', 'green', 'white', 'black']
print(list[5])
print(list[4])
```

代码的执行结果为：

```
black
white
```

通过列表元素的索引可以访问单个元素，也可以访问列表所有元素，也可以截取部分元素（即切片访问列表元素）。使用切片访问列表元素的格式如下：

```
listname[start: end: step]
```

其中，listname 表示列表名，start 表示起始索引，end 表示结束索引（不包含 end 索引的元素），step 表示步长（默认为 1）。

【例 6.4】 通过索引截取并输出 list 列表的部分元素。

解：程序代码清单如下：

```
list = ['red','yellow','blue','green','white','black']
# 访问并输出列表的第 4 个元素
print("list[3]:",list[3])
# 访问并输出列表的所有元素
print("list:",list)
# 截取并输出列表的第 2 个元素到倒数第 2 个元素(不含倒数第 2 个)
print ("list[1: -2]: ", list[1: -2])
# 截取并输出列表的倒数第 6 个元素到倒数第 1 个元素(不含倒数第 1 个)
print ("list[-5: -1]: ", list[-5: -1])
```

代码的执行结果为：

```
list[3]:green
list:['red','yellow','blue','green','white','black']
list[1: -2]: ['yellow', 'blue', 'green']
list[-5: -1]: ['yellow', 'blue', 'green', 'white']
```

3）修改、添加和删除列表元素

在程序编写过程中，创建的大多数列表都是动态的，随着程序的运行，列表的元素将被修改、增加或删减。

（1）修改列表元素。

通过列表名和元素的索引，可以修改列表的任意元素的值。

【例 6.5】通过列表名和元素的索引，修改 list 列表的第 5 个和第 7 个元素。

解：程序代码清单如下：

```
list = ["Hello","Python","World",100,250,"abc","efg"]
print("修改前 list:",list)    # 修改前列表的元素
# 修改列表的第 5 个和第 7 个元素
list[4] = 200
list[6] = "EFG"
print("修改后 list:",list)    # 修改后列表的元素
```

代码的执行结果为：

```
修改前 list:['Hello','Python','World',100,250,'abc','efg']
修改后 list:['Hello','Python','World',100,200,'abc','EFG']
```

对比列表元素修改前后的输出结果可知，列表元素 list[4]修改前的值为 250，修改后的值为 200；列表元素 list[6]修改前的值为“efg”，修改后的值为“EFG”。

（2）增加列表元素。

Python 语言提供了方法 append()和方法 insert()增加列表元素。其中方法 append()可将新增的元素添加到列表的末尾；而方法 insert()可将新增的元素添加到列表的指定位置，完成此操作后，列表指定位置之后的已有元素都右移一个位置，索引值也随之改变。

方法 append()的语法格式如下：

```
listname.append(obj)
```

其中，listname 表示要添加元素的列表名称，obj 表示要添加到列表末尾的数据

（单个元素、列表或者元组等）。

方法 insert()的语法格式如下：

```
listname. insert(index,obj)
```

其中，listname 表示要添加元素的列表名称，index 表示元素将添加到的位置的索引值，obj 表示需要插入的元素的值。

【例 6.6】 将数值 50 新增为 list 列表第 2 个元素，将字符串“hij”附加到 list 列表的末尾。

解：程序代码清单如下：

```
list = ["Hello","Python","World",100,250,"abc","efg"]
print("增加前 list:",list)
list.append('hij')     # 在原列表末尾附加新元素
list.insert(1,50)    # 在原列表第 2 个元素的位置插入新元素 50
print("增加后 list:",list)
```

代码的执行结果为：

```
增加前 list:['Hello','Python','World',100,250,'abc','efg']
增加后 list:['Hello',50,'Python','World',100,250,'abc','efg','hij']
```

（3）删除列表元素。

Python 语言提供了 del 语句、方法 pop()和方法 remove()来删除列表的单个元素，清除列表所有元素的方法为 clear()。

如果知道需要删除的元素在列表中的具体位置，可使用 del 语句删除。用此方法将元素从列表中删除后，该元素将无法再访问。

用 del 语句删除单个元素的语法格式如下：

```
del listname[index]
```

其中，listname 表示要删除元素的列表的名称，index 为将被删除的元素的索引值。

用 del 语句删除列表中间一段连续的元素的语法格式如下：

```
del listname[start: end]
```

其中，listname 表示要删除元素的列表的名称，start 表示起始索引，end 表示结束索引（不含 end 索引的元素）。此 del 语句的作用是删除索引从 start 到 end 之间的元素（不含 end 索引的元素）。

【例 6.7】删除 list 列表第 3 个和第 5 个元素。

解：程序代码清单如下：

```
list = ["Hello","Python","World",100,250,"abc","efg"]
print("删除前 list:",list)
del list[2]
print("删除 list[2]后:",list)
del list[4]
print("删除 list[4]后 list:",list)
```

代码的执行结果为：

```
删除前 list:['Hello','Python','World',100,250,'abc','efg']
删除 list[2]后:['Hello','Python',100,250,'abc','efg']
删除 list[4]后 list: ['Hello', 'Python', 100, 250, 'efg']
```

注意：第二次删除元素 list[4]是在第一次删除 list[2]后执行的，所以第二次删除元素 list[4]为字符串'abc'，不是数值 250。

Python 中的方法 pop()用于删除列表中指定索引处的元素，其格式如下：

```
listname.pop(index)
```

其中，listname 表示列表名称，index 表示索引值。如果省略 index 参数，默认删除列表中的最后一个元素，相当于数据结构中的“出栈”操作。

【例 6.8】使用方法 pop()删除列表末尾元素。

解：程序代码清单如下：

```
list = ["Hello","Python","World",100,250,"abc","efg"]
print("删除前 list:",list)
list_buf = list.pop()        # 删除末尾元素,并其赋值给变量 list_buf
print("删除后 list:",list)
print(list_buf)    # 被删除的元素值
```

代码的执行结果为：

```
删除前 list:['Hello','Python','World',100,250,'abc','efg']
删除后 list:['Hello','Python','World',100,250,'abc']
efg
```

注意：不管使用 del 语句，还是方法 pop()删除元素，元素被删除后均不在列表中。因此，需要注意区分 del 语句和方法 pop()的使用。使用 del 语句删除元素后，该元素将不能再被使用；而使用方法 pop()删除元素后，该元素还能被赋值给其他变量继续使用。

当已知元素在列表中的具体位置时，可使用 del 语句删除列表的元素。但当不知道需要被删除的元素在列表中的具体位置，却知道被删除元素的值时，可以使用方法 remove()删除元素，其格式如下：

```
listname. remove(obj)
```

其中，listname 表示列表名称，obj 表示需要被删除元素的值。

【例 6.9】使用方法 remove()删除 list 列表中的字符串“World”。

解：程序代码清单如下：

```
list = ["Hello","Python","World",100,250,"abc","efg"]
print("删除前 list:",list)
list.remove('World')
print("删除后 list:",list)
```

代码的执行结果为：

```
删除前 list:['Hello','Python','World',100,250,'abc','efg']
删除后 list: ['Hello', 'Python', 100, 250, 'abc', 'efg']
```

注意：如果某个指定的元素在列表中出现多次，使用方法 remove()只能删除第一个元素，剩下的需要结合循环结构，重复调用方法 remove()一个个删除。

2. 元组

与列表类似，元组（tuple）也是 Python 语言中一种重要的序列结构。它与列表的不同之处在于：元组被创建后其元素不可更改，属于不可变序列。通常情况下，元组用于保存无须修改的内容。

1）创建元组

在 Python 语言中，创建元组时，需要用圆括号“()”将元素括起来，用逗号分隔相邻的元素，具体格式如下：

```
tuplename =(element1,element2,element3,...,elementn)
```

其中，tuplename 为元组名称，element1，element2，element3，…，elementn 分别表示元组的 *n* 个元素，每个元素的类型也可以不同。

例如，以下元组的创建都是合法的：

```
num =(10,25,60,34,100)
string =("Hello","Python","World")
```

此外，Python 语言还提供一个内置函数 tuple()，用来将其他数据类型转换为元组类型，其语法格式如下：

```
tuple(data)
```

其中，data 表示可转化为元组的数据，包括字符串、元组、range 对象等。例如，以下代码将字符串转换成元组：

```
tup = tuple("HelloPython")
```

转换结果为：

```
('H', 'e', 'l', 'l', 'o', 'P', 'y', 't', 'h', 'o', 'n')
```

2）访问元组元素

与列表一样，元组元素可以使用索引访问，也可以使用切片访问。使用索引访问元组元素的格式如下：

```
tuplename[index]
```

其中，tuplename 表示元组名字，index 表示访问元素的索引值。元组的索引可以是正数，也可以是负数，其含义与列表相同。

使用切片访问元组元素的格式如下：

```
tuplename[start:end:step]
```

其中，tuplename 表示元组名字，start 表示起始索引，end 表示结束索引（不包含 end 索引的元素），step 表示步长。例如，以下代码是对元组 tup = tuple("HelloPython") 的访问。

```
print(tup[2])      # 使用正数索引访问元组中的某个元素
print(tup [ - 3])      # 使用负数索引访问元组中的某个元素
print(tup[3:8])      # 使用正数切片访问元组中的一组元素
print(tup[2:9:2])      # 使用正数切片,指定步长 2,访问元组中的一组元素
print(tup[ - 7: - 2])      # 使用负数切片访问元组中的一组元素
```

3）修改、删除元组

前面说过，元组被创建后其元素不可修改，属于不可变序列，但可以创建一个新的元组去替代旧的元组，即对元组重新赋值。当创建的元组不再使用时，也可以

用 del 语句删除元组。

【例 6.10】对元组重新赋值。

解：程序代码清单如下：

```
tup =('H','e','l','l','o')  # 原元组
print(tup)
tup =('H','e','l','l','o','P','y','t','h','o','n')
# 重新赋值后的元组
print(tup)
```

代码执行结果为：

```
('H','e','l','l','o')
('H','e','l','l','o','P','y','t','h','o','n')
```

【例 6.11】删除不使用的元组。

解：程序代码清单如下：

```
tup =('H','e','l','l','o')
print(tup)
del tup
print(tup)    # 删除元组后,再使用元组会报出没有定义元组的错误
```

代码执行结果为：

```
 ('H','e','l','l','o')
Traceback(most recent call last):
  File "<pyshell#9>",line 1,in <module>
    print(tup)
NameError:name 'tup' is not defined
```

3. 字典

在 Python 语言中，字典（dict）是一种无序的、可变的序列，其元素以“键值对”（key:value）的形式存储。字典的每个元素都由键（key）和值（value）两部分组成；将各元素对应的索引，称为键（key）；各个键对应的元素，称为值（value）；键及其关联的值，称为“键值对”。Python 语言中的字典主要有以下几个特征：

① 字典通过键来读取元素，而不是通过索引。

② 字典中的键必须唯一，而且不可变。

③ 字典是任意数据类型的无序集合。

④ 字典是可变的，并且可以任意嵌套。

1）创建字典

在创建字典时，键和值之间用冒号“:”分隔，相邻两个元素之间用逗号“,”分隔，所有元素用大括号“{}”括起来。创建字典有两种方式：一是使用“{}”创建字典，二是通过方法 fromkeys()创建字典。

使用“{}”创建字典的语法格式如下：

```
dictname = {'key':'value1','key2':'value2',...,'keyn':'valuen'}
```

其中，dictname 表示字典变量名称，keyn：valuen 表示第 *n* 个元素的键值对。注意，同一字典中的各个键必须唯一，不能重复。以下代码为使用{}创建字典的示例：

```
dict1 = {}  # 创建空字典
scores = {'语文':90,'数学':98,'英语':86}  # 使用字符串作为 key,创建字典
```

通过方法 fromkeys()创建字典的语法格式如下：

```
dictname = dict.fromkeys(list,value=None)
```

其中，dictname 表示字典变量名称；list 参数表示字典中所有键的列表（list）；value 参数表示默认值，如果不写，则默认为空值 None。例如，以下代码用方法 fromkeys()创建字典 scores，并给字典元素赋值。

```
subject = ['语文','数学','英语','物理','化学']  # 创建键列表
scores = dict.fromkeys(subject,80)
print(scores)
```

代码执行结果为：

```
{'语文':80,'数学':80,'英语':80,'物理':80,'化学':80}
```

2）访问字典元素

前面介绍的列表和元组都是通过索引来访问元素的，但是字典的元素是无序的，每个元素的位置都不固定，因此字典不能通过索引来访问元素，也不能采用切片方式一次性访问多个字典元素。在 Python 语言中，可通过键名访问字典元素，也可以通过方法 get()访问字典元素。

（1）通过键名访问字典元素。

通过键名访问字典元素的具体格式如下：

```
dictname[key]
```

其中，dictname 表示字典变量名称，key 表示键名。例如，以下代码创建一个字典 scores，并通过键名访问字典中的元素。

```
scores = {'语文':90,'数学':98,'英语':86,'物理':95,'化学':83}
print(scores ['数学'])    # 键存在
print(scores ['计算机'])    # 键不存在,Python 解释器将报出键不存在的错误
```

代码执行结果为：

```
98
Traceback(most recent call last):
  File "<pyshell#5>",line 1,in <module>
    print(scores ['计算机'])
KeyError:'计算机'
```

注意：字典的键必须是存在的，否则 Python 解释器会抛出异常。

（2）通过方法 get()访问字典元素。

通过方法 get()访问字典元素的语法格式如下：

```
dictname.get(key,[default])
```

其中，dictname 表示字典变量名称；key 表示键名；[default]表示查询指定的键不存在时，返回的默认值，如果不指定[default]，则返回 None。例如，以下代码通过方法 get()访问字典 scores 中的元素。

```
print(scores.get('数学','该键不存在'))
print(scores.get('计算机','该键不存在'))
```

代码执行结果为：

```
98
该键不存在
```

3）修改、增加、删除键值对，删除字典

当需要修改字典元素的值时，可通过键名访问字典元素，修改（更新）、增加或者删除键名所对应的值。与删除列表、元组一样，当创建的字典不再使用时，还可以用 del 语句删除（清空）字典。

【例 6.12】通过键名访问字典元素，修改键名对应的值。

解：程序代码清单如下：

```
scores = {'语文':90,'数学':98,'英语':86,'物理':95,'化学':83}
print(scores)
```

```
scores ['化学'] = 80      # 修改更新"化学"键对应的值
print(scores)
scores ['计算机'] = 85    # 在原有键值对基础上,新增"计算机"键值对
print(scores)
del scores ['物理']       # 删除"物理"键值对
print(scores)
```

代码执行结果为：

```
{'语文':90,'数学':98,'英语':86,'物理':95,'化学':83}
{'语文': 90,'数学': 98,'英语': 86,'物理': 95,'化学': 80}
{'语文':90,'数学':98,'英语':86,'物理':95,'化学':80,'计算机':85}
{'语文':90,'数学':98,'英语':86,'化学':80,'计算机':85}
```

【例 6.13】删除不使用的字典。

解：程序代码清单如下：

```
scores = {'语文':90,'数学':98,'英语':86,'物理':95,'化学':83}
print(scores)
del scores
print(scores)# 注意删除字典后,再使用字典时会报出没有定义字典的错误
```

代码执行结果为：

```
{'语文':90,'数学':98,'英语':86,'物理':95,'化学':83}
Traceback(most recent call last):
  File "<pyshell#11>",line 1,in <module>
    print(scores)
NameError:name 'scores' is not defined
```

4）查询是否存在指定键值对

通常情况下，当不知道字典中某个指定的键值对是否存在时，可以使用 in 或 not in 运算符判断字典中是否包含指定键值对的键（key）。

【例 6.14】查询字典中是否存在指定键值对。

解：程序代码清单如下：

```
scores = {'语文':90,'数学':98,'英语':86,'物理':95,'化学':83}
```

```
print('英语' in scores)    # 判断scores中是否包含名为"英语"的key
print('计算机' in scores)   # 判断scores中是否包含名为"计算机"的key
```

代码执行结果为：

```
True
False
```

4. 集合

在 Python 语言中，集合主要用于保存不重复的元素，且元素是无序的、唯一的。与字典类似，集合将所有元素用大括号“{ }”括起来，相邻两个元素之间用逗号“,”分隔。

1）创建集合

Python 语言提供了两种创建集合的方法：一是使用“{}”创建集合，二是使用 set()函数将列表、元组等类型数据转换为集合。

（1）使用{}创建集合。

使用{}创建集合的语法格式如下：

```
setname = {element1,element2,...,elementn}
```

其中，setname 表示集合的名称，elementn 表示集合中的第 *n* 个元素，个数没有明确限制。例如，以下代码使用{ }创建集合。

```
set1 = {10,'abc','123','英语'}
```

（2）使用 set()函数创建集合。

使用 set()函数创建集合的语法格式如下：

```
setname = set(iteration)
```

其中，setname 表示集合的名称，set()是 Python 语言的内置函数，iteration 可以是字符串、列表、元组、range 对象等数据。例如，以下代码使用 set()函数创建集合。

```
set1 = set([1,2,3,4,5])
set2 = set(('a','b','c','d','e',1,2,3,4,5,6))
```

2）访问集合元素

由于集合的元素是无序的、唯一的，因此无法通过索引访问集合的元素。在 Python 语言中，访问集合元素最常用的方法就是使用循环结构，将集合中的元素逐一读取。

【例 6.15】采用 for 循环语句遍历输出集合的元素。

解：程序代码清单如下：

```
set1 = {'a','b','c','d','e',1,2,3,4,5,6}
for element in set1:
    print(element,end="")
```

3）增加、删除集合元素

（1）使用方法 add()给集合添加元素。

使用方法 add()给集合添加元素，其语法格式如下：

```
setname.add(element)
```

其中，setname 表示需要添加元素的集合名称，element 表示添加元素的内容。

注意：使用方法 add()给集合添加元素时，元素的内容只能是数字、字符串、元组或布尔类型值，不能为列表、字典、集合等可变的数据，否则 Python 解释器会抛出 TypeError 的错误。

（2）使用方法 remove()删除集合的元素。

使用方法 remove()删除集合的元素，其语法格式如下：

```
setname.remove(element)
```

其中，setname 表示需要删除元素的集合名称，element 表示删除元素的内容。

注意：使用方法 remove()删除集合的元素时，如果被删除元素不在集合中，则 Python 解释器会抛出 KeyError 的错误。

6.1.3 任务实施

1. 细化任务

根据任务要求，运用所学的序列数据类型，以及其他相关知识，完成对物流公司立体仓库的物流货架储位测算系统的设计，具体如下：

① 对 5 层立体仓库货架的 50 个储位（每层 10 个储位）进行编号，选择合适的序列数据类型存储每个储位编号。编号方式可按 1～50 连续编号，也可分层编号，每层单独从 1 到 10 编号。

② 根据储位货物出入库情况，更新储位的工作状态。如果某编号储位有货物，则用数字“1”标识储位的工作状态，表示当前储位不可用；如果储位当前无货物，则用数字“0”标识储位的工作状态，表示当前储位可用。

2. 设计算法，画程序流程图

① 设计物流货架储位测算系统的算法。

② 画出物流货架储位测算系统的程序流程图。

6.1.4 知识拓展

1. Python 语言中列表的常用操作

1）列表的常用操作符

在 Python 语言中，与字符串类似，列表可运用连接操作符“+”和重复操作符“*”分别组合列表和重复列表。具体操作方法与字符串相同，这里不再赘述。

2）列表的常用操作函数和方法

Python 语言还提供了一些常用的操作列表的函数和方法，如表 6－1、表 6－2 所示。

表 6－1 Python 语言常用操作列表的函数

函　数	功能描述
len(list)	统计列表元素个数
cmp(list1,list2)	比较两个列表的元素
max(list)	返回列表中元素最大值
min(list)	返回列表中元素最小值
list(seq)	将元组转换为列表

表 6－2 Python 语言常用操作列表的方法

方　法	功能描述
list.append(obj)	在列表末尾添加新的元素
list.count(obj)	统计指定元素在列表中出现的次数
list.extend(seq)	在列表末尾一次性追加另一个序列中的多个值（用新列表扩展原来的列表）
list.index(obj)	从列表中找出某个值第一个匹配项的索引位置
list.insert(index,obj)	将对象插入列表的指定位置
list.pop([index=－1])	移除列表中的一个元素（默认移除最后一个元素），并返回该元素的值
list.remove(obj)	移除列表中某个值的第一个匹配项
list.reverse()	反向列表中元素
list.sort()	对原列表进行排序
list.clear()	清空列表
list.copy()	复制列表

2. Python 中字典的常用操作函数和方法

与列表类似，Python 语言提供有操作字典的函数和方法，如表 6－3、表 6－4 所示。Python 字典的数据类型为 dict，可使用 dir（dict）查看该类型所包含的方法。例如，在交互式终端下输入：>>> dir（dict）；输出结果为：['clear'，'copy'，'fromkeys'，'get'，'items'，'keys'，'pop'，'popitem'，'setdefault'，'update'，'values']。

表 6－3　Python 语言常用操作字典的函数

函　数	功能描述
len(dict)	统计字典元素个数，即键的总数
cmp(dict1,dict2)	比较两个字典的元素
str(dict)	输出字典可打印的字符串表示
type(dict)	返回字典变量的类型

表 6－4　Python 语言常用操作字典的方法

方　法	功能描述
radiansdict.fromkeys(list,value=None)	创建一个新字典，以列表 list 中元素作为字典的键，value 为字典所有键对应的初始值
radiansdict.items()	以列表返回字典中所有的键值对(key:value)
radiansdict.keys()	以列表返回字典中的所有键（key）
radiansdict.values()	以列表返回字典中所有键对应的值（value）
radiansdict.update(dict1)	将字典 dict1 的键值对更新到字典 dict
radiansdict.copy()	返回一个具有相同键值对的新字典，即字典的拷贝
radiansdict.clear()	清空字典内所有元素
radiansdict.get(key,default=None)	返回指定键的值，如果值不在字典中返回 default 值
radiansdict.setdefault(key,default=None)	如果键 key 不在字典中，将添加键并将值设为 default
radiansdict.has_key(key)	如果键 key 在字典 dict 中返回 True，否则返回 False

6.1.5　练习题

1. 说出 Python 提供的序列类型有哪些。

2. 在所学的 Python 序列类型中__________和__________的元素存储是有序的，________和__________的元素存储是无序的。

3. 创建一个空列表，命名为 names，并往列表添加元素：Lily、Jack、Rain、Lilei、

Xiaoming 和 Black。

4. 已知列表 lst = [1，2，6，4，5]，求出该列表的长度，并将值为 6 的元素修改为 3。

5. 已知列表 lst = [1，2，3，4，5，6，7，8，9，10]，请在索引 0 的位置新增一个元素 0；判断元素 11 是否在列表中，如果不在列表中，需在列表的末尾增加。

6. 已知列表 lst1 = [1，2，3，4，5]，lst2 = [6，7，8，9，10]，写出 lst1 + lst2 的结果。

7. 已知列表 lst = ['P'，'y'，'t'，'h'，'o'，'n']，写出 lst * 2 的结果。

8. 已知列表 lst = [1，75，3，42，5，36，67，28，99，102]，计算出列表的所有元素的和及平均值，找出列表的最大值和最小值，找出元素为 5 的值的索引。

9. 已知列表 lst = [10，90，80，42，35，71，63，23，58，100]，对列表的元素进行排序，从小到大排序一次，从大到小排序一次。

10. 已知列表 lst = [1，0，1，0，0，0，1，1，0，1，0，1，1，0，1，0，1，1，0，1，1，1，0，0，1，0，1]，分别统计元素 1 和元素 0 的个数。

11. 创建一个空字典，命名为 info，将'Name'：'Lily'、'Age'：20、'Class'：'Tow'作为字典的键值对，并输出字典。

12. 已知字典 dict = {'Name'：'Lily'，'Age'：10，'Class'：'One'}，将键 Name 的值修改为 Jack，并增加键值对（'Sex'：'Male'）。

13. 已知字典 dict = {'001'：1，'002'：0，'003'：1，'004'：0，'005'：0，'006'：0，'007'：1，'008'：1，'009'：0，'010'：1，'011'：0，'012'：1，'013'：1，'014'：0，'015'：1，'016'：0，'017'：1，'018'：1，'019'：0，'020'：1}，统计输出值为 1 的元素个数，输出值为 1 的元素编号；统计输出值为 0 的元素个数，输出值为 0 的元素编号。

14. 已知字典 info = {'苹果'：18.5，'雪梨'：8.6，'香蕉'：3.5，'火龙果'：2.5，'葡萄'：11.3，}，通过水果名称查看其价格，并将雪梨价格修改为 7.8。

15. 创建一个元组，元组名为 tup1，元组的元素为 1、2、3、4、5、6、7、8，输出元组。

16. 将列表 lst = [1，4，3，5，6，1，8，9，3，2，7，10]转换为元组和集合。

任务 6.2　物流货架储位测算系统程序设计

6.2.1　任务分析

任务 6.1 已完成物流货架储位测算系统的数据表示和处理，以及算法的设计和程序流程图绘制。根据系统设计要求，结合前面所学的顺序结构、选择结构和循环结构，以及序列等数据类型的相关知识，完成物流货架储位测算系统的程序设计，程序运行结果如图 6－1 所示。

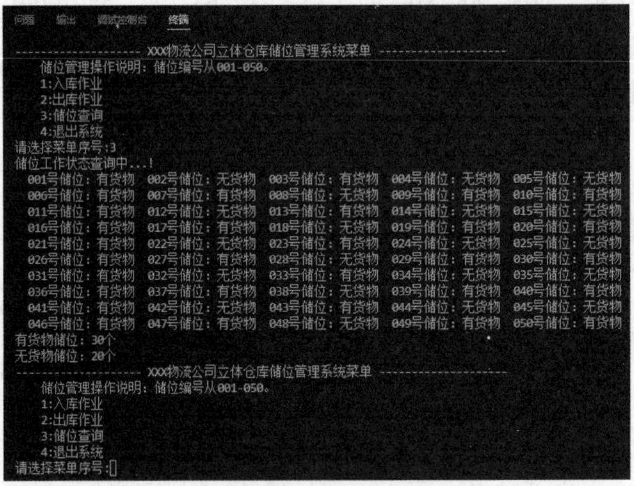

图 6－1　物流货架储位测算系统运行结果

6.2.2　相关知识

任务 6.1 重点介绍了 4 种序列数据类型的相关知识及应用，本任务将通过实际案例，重点介绍如何用列表（list）、字典（dict）等序列数据编写 Python 程序解决实际问题。

【例 6.16】编写 Python 程序，找出某项竞赛 20 个选手成绩的最高分和最低分，成绩按从大到小的顺序输出。

解：本例需要存储和处理的数据较多，可考虑采用列表进行处理。结合任务 5.2 介绍的冒泡法排序原理及应用等，完成本例题的程序设计。程序代码清单如下：

```
N = 20
score = []    # 定义空列表 score
print("请输入竞赛选手成绩:")
```

```
# 按选手编号输入并存储成绩
for i in range(N):
    print(" %d 号选手成绩:" %(i+1),end = "")
    score.append(int(input()))    # 将输入的成绩存入列表
print()    # 输出后换行
# 找出选手的最高分和最低分
max_score = max(score)    # 运用操作列表的max()函数找最大值
print("最高分选手成绩:%d" %(max_score))
min_score = min(score)    # 运用操作列表的min()函数找最小值
print("最低分选手成绩:%d" %(min_score))
# 冒泡法排序选手成绩
for i in range(N):    # 遍历的趟数
    for j in range (N-i-1):    # 每趟遍历的次数
        if score[j] < score[j+1]:    # 比较相邻两个数的大小
            score[j],score[j+1] = score[j+1],score[j]  # 交换位置
# 输出排序后的成绩
print("竞赛成绩排序:",end = "")
for i in range(N):
    print("%d " %(score[i]),end="")    # 输出后不换行
print()    # 输出后换行
```

程序运行结果如图6-2所示。

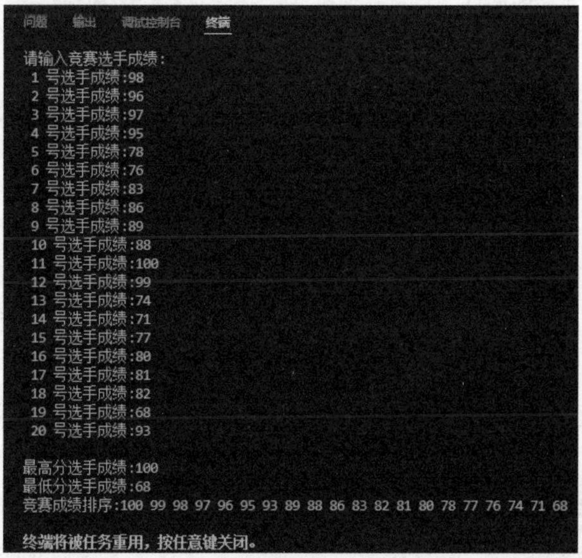

图6-2　例6.16的程序运行结果

思考：

① 如果需要分别输出哪位选手最高分、哪位选手最低分，请思考程序如何实现。

② 本例可扩展为统计某门课程的最高分和最低分，统计及格人数和不及格人数，计算平均分等，请思考程序如何实现。

【例 6.17】编写 Python 程序实现以下功能：顾客从商品列表中选取商品添加到购物车，并结算、输出顾客购买商品明细。

解：根据题目要求，需要存储、输出商品基本信息（商品 id 号、名称、价格等），以便顾客查看，可考虑利用列表存储和处理商品的相关数据。

程序代码清单如下：

```
# 创建购物车空列表
shopping_cart = [ ]
# 创建商品信息列表
products = [["mate40",5500],["足球袜",62],["吸尘器",2100],["故事书",45],["英雄钢笔",25],["联想 X1",6800],["运动鞋",320]]
n = len(products)  # 计算商品个数
# 输出商品信息
print ("-"*13, "商品信息", "-"*13)
print("商品 ID \t 商品名称 \t 商品价格(元)")
for i in range(n):
    print(" %d \t %s \t %.2f" %(i,products[i][0],products[i][1]))
print()  # 输出后换行
# 顾客将选购商品添加到购物车
while True:
    product_id = input("输入 ID 选取商品,按 q 退出:")  # 选取商品
    if product_id == "q":    # 退出购物
        break
    else:
        shopping_cart.append(product_id)    #  将商品添加到购物车
print()    #  输出后换行
# 结算、输出顾客购买的商品
payment = 0
print("您已购买商品:")
for i in shopping_cart:
```

```
        payment += products[int(i)][1]    # 计算购物金额
        print("  %s %.2f" %(products[int(i)][0],products[int(i)][1]))
print("应付购物金额:%.2f" %(payment))    # 打印购物金额
```

程序运行结果如图 6－3 所示。

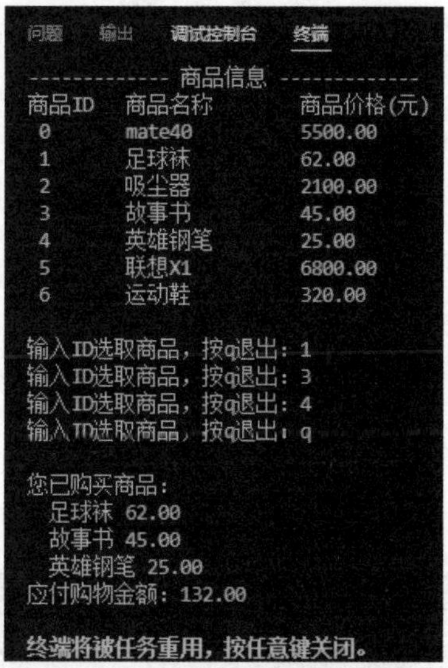

图 6－3　例 6.17 的程序运行结果

【例 6.18】假设某软件系统已有多个用户，且用户信息（用户名和密码）已保存在以下两个列表中：

```
users = ["admin","Jack","Mike"]
passwords = ["123456","000000","666666"]
```

要求：编写 Python 程序实现登录验证功能。先判断用户是否存在，再判断密码是否正确，并给出相应提示，只有 3 次登录机会。具体要求如下：

① 如果用户存在，且验证密码正确，提示"密码正确，登录成功!"；如果用户存在，但验证密码不正确，提示"密码错误，登录失败!"。

② 如果用户不存在，提示"用户不存在"。

③ 如果登录失败超过 3 次（用户不存在或者密码错误），提示"尝试已超过 3 次，请稍后重新登录!"

解：程序代码清单如下：

```
users = ["admin","Jack","Mike"]    # 定义用户列表
passwords = ["admin","000000","666666"]  # 定义密码列表
for trycount in range(3):    # 设定尝试的次数
```

```
    inuser = input("用户名:")  # 输入用户名
    if inuser in users:    # 采用 in 查找用户是否在列表中
        index = users.index(inuser)  # 采用方法 index()找出用户索引值
        inpasswd = input("密  码:")     # 输入用户的密码
        if inpasswd == passwords[index]:    # 查找密码,判断密码是否正确
            print("密码正确,恭喜%s 登录成功!" %(inuser))
            break
        else:
            print("密码错误,%s 登录失败!" %(inuser))
    else:
        print("用户%s 不存在,请重新登录!" % inuser)
else:
    print("尝试已超过 3 次,请稍后重新登录!")
```

程序运行结果如图 6-4 所示。

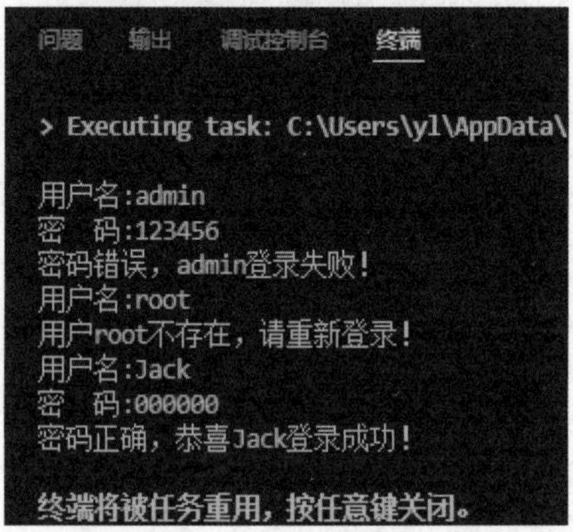

图 6-4　例 6.18 的程序运行结果

【例 6.19】 将例 6.18 中的用户信息（用户名和密码）保存在字典中：

users_pwds = {"admin"："admin"，"Jack"："000000"，"Mike"："666666"}

编写 Python 程序实现用户登录验证系统。

解：程序代码清单如下：

```
users_pwds = {"admin":"admin","Jack":"000000","Mike":"666666"}
for trycount in range(3):    # 设定尝试的次数
    inuser = input("用户名:")  # 输入用户名
    if inuser in users_pwds:        # 采用 in 查找用户是否存在
```

```
            inpasswd = input("密  码:")     # 输入用户的密码
            if inpasswd == users_pwds[inuser]:    # 查找密码,判断密码是否正确
                print("密码正确,恭喜%s 登录成功!" %(inuser))
                break
            else:
                print("密码错误,%s 登录失败!" %(inuser))
        else:
            print("用户%s 不存在,请重新登录!" % inuser)
else:
    print("尝试已超过 3 次,请稍后重新登录!")
```

程序运行结果如图 6－4 所示。

6.2.3 任务实施

1. 实现物流货架储位测算系统的 Python 程序设计

根据任务 6.1 完成的物流货架储位测算系统的算法和流程图，结合如图 6－1 所示的程序运行结果，运用前面所学的数据类型（如数字类型、字符串类型、列表、字典等），以及程序设计结构（如顺序结构、选择结构、循环结构）等知识，完成物流货架储位测算系统的 Python 程序设计。设计需求如下：

① 对 5 层立体仓库货架的 50 个储位（每层 10 个储位）进行编号时，可考虑采用列表或字典等序列数据类型存储和处理储位编码。其中，储位编码方式为：可按从 1 到 50 连续编号，也可分层编号，每层单独从 1 到 10 编号，或其他编号方法。例如，采用列表存放 10 个储位的编号和工作状态：

```
num_list = [001,002,003,004,005,006,007,008,009,010]
flag_list = [1,0,1,0,0,1,1,0,1,1]
```

或者采用字典存放 10 个储位的编号和工作状态，储位编号作为字典的键名，工作状态作为键对应的值：

```
num_dict = ["001":"1","002":"0","003":"1","004":"0","005":"0",
"006":"1","007":"1","008":"0","009":"1","010":"1"]
```

其他储位的编号和工作状态的存储，可参照上述方法。

② 根据货物出库和入库情况，修改储位的工作状态，以便查询储位的使用情况。其中，用数字“1”标识当前储位有货物，不能再存放货物；用数字“0”标识当前储位无货物，可根据需求存放货物。

思考：当储位增加到 100 个或者更多时，如何新增并存储储位编号及其工作状态等。

2. 调试、运行程序

调试、运行编写的 Python 程序，观察运行结果。在调试、运行过程中，如果有提示错误，须检查、纠正错误，然后再调试、运行程序。

6.2.4 知识拓展

1. for 循环遍历列表的常见用法

使用 for 循环遍历 range()函数产生的数据列表，具体用法如下：

```
for 变量名 in  range(n):
```

其中，range(n)函数产生 0 到 n－1 的数据列表，变量名为存储 range()函数产生数据的迭代变量。

使用 for 循环遍历列表 list 的具体用法如下：

```
for 变量名 in  list:
```

其中，list 表示列表名称，变量名为存储获取列表数据的迭代变量。

2. for 循环遍历字典的常见用法

使用方法 items()遍历字典获取键值对，具体用法如下：

```
for 变量名 1,变量名 2    in 字典名.items():
```

其中，变量名 1 为字典的键名，变量名 2 位为字典的键对应的值。

使用方法 keys()遍历字典获取键名，具体用法如下：

```
for 变量名 in 字典名.keys():
```

其中，变量名为字典的键名。

使用方法 values()遍历字典获取键值，具体用法如下：

```
for 变量名 in 字典名.values():
```

其中，变量名为字典的键对应的值。

3. 用 if 和 in 判断查询变量是否属于列表、字典的元素

查询变量是否属于列表的元素，具体用法如下：

```
if 变量名 in list:
```

查询字典的键名是否存在，具体用法如下：

```
if 变量名 in dict:
```

其中，变量名为字典的键名。

6.2.5　练习题

1. 编写 Python 程序实现以下功能：遍历输出一个列表（list）的所有元素，并修改第 3 个元素的值。

2. 编写 Python 程序实现以下功能：遍历输出一个元组（tup）的所有元素。

3. 编写 Python 程序实现以下功能：遍历输出一个字典（dict）的所有元素，并在字典末尾增加一个新的键值对。

4. 编写 Python 程序实现以下功能：遍历输出一个集合（set）的所有元素。

5. 编写 Python 程序实现以下功能：利用列表存储某班 30 个人某门专业课程的成绩，计算输出课程的平均分和及格率。（提示：可利用列表存储成绩，也可利用字典存储成绩）

6. 编写 Python 程序实现以下功能：利用字典存储某班 30 个人某门专业课程的成绩，统计输出该课程谁最高分、谁最低分。（提示：利用学号作为字典的键名，分数作为字典的键值）

项目 7

物流信息管理系统设计

随着程序代码功能的增多，代码将会变得越来越复杂，可读性变差，维护难度也变大。解决这一问题的方法就是将实现某一功能的代码提取出来，将这部分代码模块化。在程序编写过程中，需要运用实现此功能的代码时，在程序中直接调用相应模块即可。本项目重点讲解 Python 中用于实现此功能的函数及其在物流信息管理系统中的应用。

任务 7.1 物流信息管理系统算法设计

7.1.1 任务分析

物流信息管理系统主要包含仓储管理、运输管理、财务管理和人力资源管理等内容。本任务将以某物流公司的物流信息管理系统为原型，模拟设计该信息管理系统，以便了解物流信息系统的框架结构。

现需要分析如何实现该物流信息管理系统的相关功能等，并完成该系统的算法设计和流程图绘制。

7.1.2 相关知识

在前面的项目中，我们已接触过一些 Python 函数，例如 input()、print()、range()和 len()等函数。Python 语言提供了许多内置函数，更多内置函数见附录 B，这些内置函数都可被直接调用。Python 语言中函数应用非常广泛，除了可被直接调用的内置函数外，Python 还支持用户自定义函数。

自定义函数就是将一段可重复使用的能实现单一或相关功能的代码段封装好，以达到一次编写、多次调用的日的。在编程过程中，自定义函数可帮助用户减少重复性代码的编写工作，可使程序更加模块化，从而提高代码的利用率。

1. 函数的定义

在 Python 语言中，用户自定义一个函数，就是创建一个函数。自函数定义的一般格式如下：

```
def 函数名(参数列表):
    函数体
```

其中，def 为定义函数的关键字；函数的命名需要符合标识符的命名规则；参数需要用圆括号括起来，函数参数可以是一个，也可以是多个，参数之间用逗号隔开。注意，圆括号后面用冒号“:”结尾。函数体是按缩进要求进行缩进的代码块。

1）不带参数的自定义函数

不带参数的自定义函数，具体用法如下：

```
def 函数名():
    函数体
```

注意：不带参数的自定义函数，其参数列表为空。

【例 7.1】用户自定义一个函数，输出问候语“Hello World!”。

解：函数的代码清单如下：

```
def print_str():
    print("Hello World!")
```

【函数说明】print_str 为函数名，该函数没有参数；函数体只有一个输出字符串的 print 语句。

2）带参数传递的自定义函数

带参数传递的自定义函数，具体用法如下：

```
def 函数名(参数 1,参数 2,...,参数 n):
    函数体
```

注意：定义函数时的参数列表（参数 1，参数 2，…，参数 *n*），称为形式参数，也称形参。

【例 7.2】用户自定义一个函数，实现计算任意半径 *r* 的圆的面积。

解：函数代码清单如下：

```
def area(r):
    return 3.14 * r * r
```

【函数说明】area 为计算圆面积的函数名，该函数传递 r 一个参数；函数体中通过 return 语句直接返回计算出来的圆的面积。

【例 7.3】用户自定义一个函数，实现比较 a 和 b 两个数的大小。

解：函数代码清单如下：

```
def max(a,b):
    if a > b:
        return a
    else:
        return b
```

【函数说明】max 为比较两个数大小的函数名，该函数传递 a 和 b 两个参数；函数体中利用选择结构 if...else 语句，比较传入的 a 和 b 两个参数，再返回比较结果（即返回最大值）。当函数有返回值时，通过 return 语句实现。

2. 函数的调用

函数调用其实就是执行函数。但需注意，调用函数的前提是该函数已被定义的函数，否则 Python 解释器将会报错。在 Python 语言中，函数调用语法格式如下：

```
[返回值] = 函数名([实际参数值])
```

其中，函数名是指要调用的函数的名称；调用函数时传递的函数参数，称为实际参数，也称实参。函数可返回任何类型的值，包括列表、字典等较复杂的数据结构。如果该函数有返回值，需要定义一个变量来接收返回值；如果没有返回值，则不需要定义接收值的变量。

在 Python 语言中，函数实参的传递方式通常有两种，分别为值传递和引用（地址）传递。具体传递方式为：

① 值传递。适用于实参类型为不可变类型（字符串、数字、元组）。

② 引用（地址）传递。适用于实参类型为可变类型（列表、字典）。

1）不带参数传递的函数调用

【例 7.4】在例 7.1 的基础上，定义并调用函数，实现打印输出字符串“Hello World!”。

解：本例题不带参数传递。程序代码清单如下：

```
# 定义(创建)print_str()函数
def print_str():
    print("Hello World!")     # 函数体语句为打印输出字符串
print_str()    # 调用 print_str()函数
```

程序运行结果为：

```
Hello World!
```

2）带值传递的函数调用

【例 7.5】在例 7.2 的基础上，定义并调用函数，实现计算并输出任意半径 *r* 的圆的周长和面积。

解：本例定义了 perimeter()和 area()两个函数，均传递参数 r，即 perimeter（r）和 area（r），传递的参数 r 为形参。调用这两个函数时，即 perimeter（2）和 area（3），

传递的参数 2 和 3 为实参。

程序代码清单如下：

```
# 定义(创建)计算周长 perimeter()函数,传递形参 r
def perimeter(r):
    return 2 * 3.14 * r   # 计算并返回圆的周长
# 定义(创建)计算面积 area()函数
def area(r):
    return 3.14 * r * r   # 计算并返回圆的面积
# 调用 perimeter()函数,传递实参 2,返回周长给变量 per1
per1 = perimeter(2)
print("圆的周长为:" %(per1))     # 输出半径为 2 的圆的周长
area1 = area(3)     # 调用 area()函数,传递实参 3,计算面积返回给变量 area1
print("圆的面积为:" %(area1))     # 输出半径为 3 的圆的面积
```

程序运行结果为：

```
圆的周长为:12.56
圆的面积为:28.26
```

注意：调用函数时，参数名称和参数值均需要按函数定义时的顺序进行匹配。也就是说，定义和调用函数时，形参与实参的个数、顺序必须对应且一致。

【例 7.6】 在例 7.3 的基础上，定义并调用函数，比较两个数的大小。

解：在比较两个数大小的函数中，传递 2 个参数，即形参 a 和 b。调用函数时，传递 20 和 30 两个实参。

程序代码清单如下：

```
# 定义(创建)比较两个数大小的 max()函数,传递形参 a 和 b
def max(a,b):
    if a > b:
        return a
    else:
        return b
# 调用比较两个数大小的 max()函数,传递实参 20 和 30,分别传递给形参
# a 和 b(即 20 传给 a,30 传给 b),返回比较结果给变量 max_buf
max_buf = max(20,30)
```

```
print("最大值为:%d" %(max_buf))      # 输出最大值
```

程序运行结果为：

```
最大值为:30
```

3）带引用（地址）传递的函数调用

【例 7.7】定义并调用函数，实现以下功能：拼接两个列表 list1 和 list2，返回并输出拼接的结果。

解：本例定义了 spl_fun()函数，传递了列表 lst1 和 lst2 两个参数，通过连接运算符“+”拼接两个列表。

程序代码清单如下：

```
# 定义拼接列表函数
def spl_fun(lst1,lst2):
    return lst1 + lst2   # 返回列表拼接结果
list1 = [1,2,3,4,5]   # 定义列表
list2 = [6,7,8,9,10]
list = spl_fun(list1,list2)    # 调用函数,传递两个列表参数
print(list)
```

程序运行结果为：

```
[1,2,3,4,5,6,7,8,9,10]
```

【例 7.8】定义并调用函数，实现以下功能：接收姓名、性别和年龄参数，返回一个表示个人信息的字典。

解：程序代码清单如下：

```
# 定义接收信息函数
def person_fun(name,sex,age):
    person = {"姓名":name;"性别":sex;"年龄":age}  # 定义字典
    return person  # 返回字典
person_message = person_fun("小明","男","16")    # 调用函数
print(person_message)
```

程序运行结果为：

```
{"姓名":"小明";"性别":"男";"年龄":"16"}
```

7.1.3 任务实施

1. 细化任务

根据任务要求，运用 Python 语言提供的标准数据类型和 Python 程序设计的 3 种基本结构，结合本任务所学的函数及相关知识，完成对某物流公司的物流信息管理系统的设计。系统设计要求包括仓储管理、运输管理、财务管理和人力资源管理等功能。

2. 设计算法，绘制程序流程图

① 设计实现物流信息管理系统的算法。

② 画出实现物流信息管理系统的程序流程图。

7.1.4 知识拓展

1. Python 变量的作用域

变量的作用域是指变量的有效范围，即变量可在哪个范围内使用。例如，有些变量可在整段代码的任意位置使用，有些变量只能在函数的内部使用，有些变量只能在 for 循环内部使用。变量的作用域是由定义变量的位置决定的，在不同位置定义的变量，它的作用域是不一样的。

1）局部变量

在函数内部定义的变量，其作用域仅限于函数内部，函数外就不能再使用，这类变量称为局部变量。例如，下面的代码在函数的内部定义内部变量 sum：

```
def fun(a,b):
    sum = a + b    # sum 为函数内部变量
    print("函数内部 sum = %d" %(sum))
fun(2,3)    # 调用函数
print("函数外部 sum = %d" %(sum))    # 函数外部使用变量 sum 会报错
```

程序运行结果为：

```
函数内部 sum = 5
Traceback(most recent call last):
  File "<pyshell#12>",line 1,in <module>
    print("函数外部 sum = %d" %(sum))
TypeError:%d format:a number is required,not builtin_function_or_method
```

当运行上述程序，执行语句 print（"函数外部 sum = %d" %（sum））时，Python

解释器抛出了 TypeError。因为变量 sum 是 fun()函数的内部变量，上面的程序代码在函数的外部调用 sum，已超出了变量 sum 的作用域。

2）全局变量

除在函数内部定义变量外，Python 语言还允许在所有函数的外部定义变量，这类变量称为全局变量。与局部变量不同，全局变量默认的作用域是整个程序，可在程序的任意地方使用。例如，将上述程序的 sum 变量定义在程序的最前面，且在函数的外部：

```
sum = 0        # sum 为全局变量
def fun(a,b):
    sum = a + b     # 在函数内部使用 sum 变量
    print("函数内部 sum = %d" %(sum))
fun(2,3)     # 调用函数
print("函数外部 sum = %d" %(sum))    # 在函数外部使用 sum 变量
```

程序运行结果：

```
函数内部 sum = 5
函数外部 sum = 0
```

因为将 sum 变量定义为全局变量，当再运行上述修改后程序时，Python 解释器就不会再抛出错误。

此外，还可以在函数内定义全局变量，即使用 global 关键字对变量进行修饰，被 global 关键字修饰后的变量将变为全局变量。上述程序修改如下：

```
def fun(a,b):
    global sum       # 在函数内部将 sum 变量改为全局变量
    sum = a + b
    print("函数内部 sum = %d" %(sum))
fun(2,3)     # 调用函数
print("函数外部 sum = %d" %(sum))    # 在函数外部使用 sum 变量
```

程序运行结果为：

```
函数内部 sum = 5
函数外部 sum = 5
```

2. 函数的递归与嵌套

1）函数的递归

函数的递归是指在函数内部直接或间接地调用函数本身的现象。递归是有终止条件的，否则函数将因无法跳出递归而出现死循环。例如，下面的代码利用函数递归求 *n* 的阶乘 *n*!。

```
# 定义求 n 的阶乘 factorial()函数
def factorial(n):
    if n == 1:
        return 1
    return n * factorial (n-1)
# 递归调用 factorial()函数，n-1 是递归终止条件
n = int(input("请输入 n 的值:"))
fac = factorial(n)     # 调用求 n 的阶乘 factorial()函数
print("%d 的阶乘为:%d" %(n,fac))
```

程序运行结果为：

```
请输入 n 的值:3
3 的阶乘为:6
```

2）函数的嵌套

函数的嵌套分为函数的嵌套调用和函数的嵌套定义两种，函数的嵌套调用是指在函数中调用另外的函数，而函数的嵌套定义是指在函数内定义函数。

（1）函数的嵌套调用。

下面的代码利用函数嵌套调用比较 4 个数的大小。

```
# 定义比较两个数的大小的函数 max2
def max2(x,y):
    if x > y:
        return x
    else:
        return y
# 定义比较四个数的大小的函数 max4
def max4(a,b,c,d):
    res1 = max2(a,b)           # 调用比较两个数大小的函数 max2
    res2 = max2(res1,c)        # 调用比较两个数大小的函数 max2
```

```
    res3 = max2(res2,d)        # 调用比较两个数大小的函数 max2
    return res3
res = max4(5,3,9,12)
print(res)
```

（2）函数的嵌套定义。

下面的代码，利用函数的嵌套定义求圆的周长和面积。

```
def circle(radius):
    def perimeter(radius):     # 在函数 circle 中定义函数 perimeter
        print(2 * 3.14 * radius)
    def area(radius):     # 在函数 circle 中定义函数 area
        print(3.14 *(radius ** 2))
circle(2)
```

7.1.5　练习题

1. Python 中，一个自定义函数包含哪几个部分？

2. 自定义一个函数，输出字符串“Hello Python World！ This is My first Python Program.”

3. 自定义一个函数，计算并返回两个数的和。

4. 自定义一个函数，计算并返回 $n!$。

5. 自定义一个函数，输入 3 个数，找出最大值。

6. 自定义一个函数，求一个班 10 个学生某门课程的平均成绩。

7. 自定义一个函数，统计一个列表的元素的个数。

8. 自定义一个函数，接收城市的名称及其所属的国家，并返回如下格式的字符串："北京，中国"。

任务 7.2 物流信息管理系统程序设计

7.2.1 任务分析

任务 7.1 已完成物流信息管理系统的数据表示和处理，以及算法设计和程序流程图绘制。根据系统设计要求，运用 Python 语言提供的标准数据类型、Python 程序基本结构，结合本项目所学的函数及其相关知识，完成物流信息管理系统的程序设计，程序运行结果如图 7－1 所示。

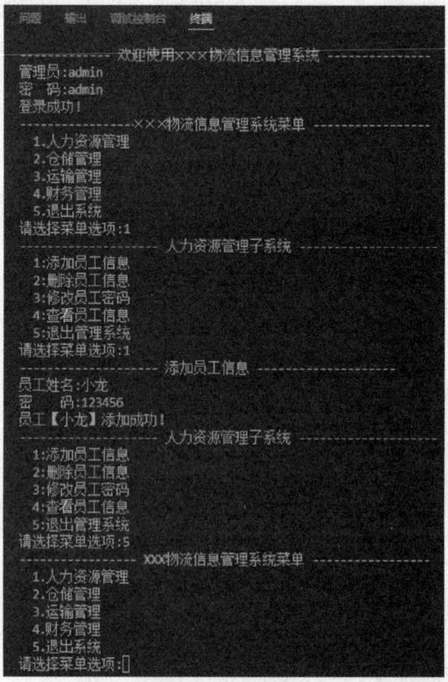

图 7－1 物流信息管理系统运行结果

7.2.2 相关知识

任务 7.1 中已学习函数的相关知识，函数是带名字的代码块，当需要完成函数定义的特定任务时，不需要重复编写代码，直接调用函数即可。通过调用函数，程序的编写、修改、调试和阅读等都会更加容易。本任务将通过实际案例继续深入学习函数在 Python 程序设计中的运用。

【例 7.9】编写 Python 程序，利用函数实现求两个整数的加、减、乘和除法运算。

解：程序代码清单如下：

```
# 定义加法 add()函数
def add(a,b):
    print("a + b = %d" %(a + b))
# 定义减法 sub()函数
def sub(a,b):
    print ("a - b = %d" % (a - b))
# 定义乘法 mul()函数
def mul(a,b):
    print("a * b = %d" %(a * b))
# 定义除法 div()函数
def div(a,b):
    if b == 0:
        print("零不能作为除数!")
else:
        print("a / b = %.2f" %(a / b))


a = int(input("请输入整数 a:"))
b = int(input("请输入整数 b:"))
add(a,b)  # 调用加法 add()函数
sub(a,b)  # 调用减法 sub()函数
mul(a,b)  # 调用乘法 mul()函数
div(a,b)  # 调用除法 div()函数
```

程序运行结果为：

```
输入整数 a: 10
请输入整数 b: 3
a + b = 13
a - b = 7
a * b = 30
a / b = 3.33
```

【例 7.10】编写 Python 程序，利用函数实现找出列表中的最大值。

解：程序代码清单如下：

```
# 定义get_max()函数
def get_max(list):
    if not list:          # 判断列表是否为空
        return None
    max_value = list[0]   # 定义最大值max_value变量并赋值
    for item in list:
        if item > max_value:
            max_value = item  # 更新最大值
    return max_value    # 返回最大值
# 定义列表
list = [10,3,9,21,35,47,82,101,326,6]
# 调用找最大值函数get_max()
max_value_buf = get_max(list)
print("最大值为:%d" %(max_value_buf))
```

程序运行结果:

```
最大值为:326
```

【例 7.11】编写 Python 程序，利用函数实现求学生本学期所有课程最高分科目和最低分科目，以及科目的分数，并计算所有科目的平均分。

解：程序代码清单如下：

```
# 定义get_max_socre()函数
def get_max_socre(score_dic):
    max_score = 0
    max_score_course = ' '
    for course,score in score_dic.items():    # 读取科目分数键值对
        if score > max_score:
            max_score = score  # 更新分数
            max_score_course = course    # 更新科目
    return max_score_course,max_score    # 返回最高分科目和分数
# 定义get_min_socre()函数
def get_min_socre(score_dic):
    min_score = 100
    min_score_course = ' '
```

```
        for course,score in score_dic.items():    # 读取科目分数键值对
            if score < min_score:
                min_score = score  # 更新分数
                min_score_course = course    # 更新科目
        return min_score_course,min_score    # 返回最低分科目和分数
    # 定义 get_avr_socre()函数
    def get_avr_socre(score_dic):
        sum = 0
        for score in score_dic.values():    # 读取每个科目的成绩
            sum += score    # 计算总分
        average = sum / len(score_dic)    # 计算平均分
        return  average        # 返回平均分

    dic = {"语文":95,"数学":98,"英语":96,"物理":90,"化学":93,  \
"计算机":88}
    course,score = get_max_socre(dic)    # 调用函数
    print("最高分科目:%s;分数:%d" %(course,score))
    course,score = get_min_socre(dic)    # 调用函数
    print("最低分科目:%s;分数:%d" %(course,score))
    average = get_avr_socre(dic)    # 调用函数
    print ("所有科目的平均分: %d" % (average))
```

程序运行结果为:

```
最高分科目:数学;分数:98
最低分科目:计算机;分数:88
所有科目的平均分: 93
```

7.2.3 任务实施

1. 实现物流信息管理系统的 Python 程序设计

根据任务 7.1 完成的物流信息管理系统的算法和流程图，结合如图 7－1 所示的程序运行结果，完成物流信息管理系统的 Python 程序设计。

该系统包括仓储管理、运输管理、财务管理和人力资源管理等功能。以人力资源管理子系统为例，其功能包括增加员工、删除员工、修改员工信息、查询员工信息

等。仓储、运输和财务管理等子系统可根据实际需要增加功能。

2. 调试、运行程序

调试、运行编写的 Python 程序，观察运行结果。在调试、运行过程中，如果有提示错误，须检查、纠正错误，然后再调试、运行程序。

7.2.4 知识拓展

1. Python 程序综合设计（一）

编写 Python 程序，利用函数实现某员工管理系统管理员（账号：admin；密码：admin）的相关功能，管理功能包括添加员工信息、删除员工信息、修改员工密码、查看员工信息、退出管理系统等。其中，员工信息以员工姓名和密码为例，添加员工信息、删除员工信息和修改员工密码的具体要求如下：

① 添加员工信息。需判断员工是否存在，如果存在，则抛出错误信息；如果不存在，则需要添加员工信息和密码。

② 删除员工信息。需判断员工是否存在，如果存在，则删除员工信息（账号和密码）；如果不存在，则抛出错误信息。

③ 修改员工密码。需判断员工是否存在，如果存在，则修改员工密码；如果不存在，则抛出错误信息。

【分析】 本案例中的系统管理菜单中的、添加员工信息、删除员工信息、修改员工密码、查看员工信息、退出管理系统等功能均采用函数实现。此外，还运用选择结构、循环结构，以及列表（或字典）等数据结构实现程序设计。

程序代码清单如下：

```
# 打印系统菜单函数
def print_sys_menu():
    print ("-"*20, "系统管理菜单", "-"*20)
    for i in range(len(sys_menu)):
        print("  %s" %(sys_menu[i]))
    print()
# 添加员工信息函数
def add_employees():
    print ("-"*20, "添加员工信息", "-"*20)
    add_user = input("员工姓名:")
    if add_user in users:
        print("用户【%s】已经存在!" %(add_user))
    else:
```

```
        add_passwd = input("密    码:")
        users.append(add_user)
        passwds.append(add_passwd)
print("员工【%s】添加成功!\n" %(add_user))
# 删除员工信息函数
def del_employees():
    print ("-"*20, "删除员工信息", "-"*20)
    del_user = input("员工姓名:")
    if del_user in users:
        del_index = users.index(del_user)
        users.remove(del_user)
        passwds.pop(del_index)
        print("员工【%s】删除成功!\n" % del_user)
    else:
        print("员工【%s】不存在!" %(del_user))
# 修改员工信息函数
def change_employees():
    print ("-"*20, "修改员工密码", "-"*20)
    change_user = input("员工姓名:")
    if change_user in users:
        change_password = input("输入密码:")
        change_index = users.index(change_user)
        passwds[change_index] = change_password
        print("员工【%s】密码修改成功!\n" %(change_user))
    else:
        print("员工【%s】不存在" %(change_user))

# 查看员工信息函数
def lookup_employees():
    print ("-"*20, "查看员工信息", "-"*20)
    print("  姓名\t\t 密码")
    user_count = len(users)    # 统计员工人数
    for i in range(user_count):
        print("  %s\t\t%s" %(users[i],passwds[i]))    # 打印员工姓
```

```
名和密码
    # 退出系统函数
    def exit sys():
        print ("-"*15, "感谢使用×××员工管理系统", "-"*15)
        exit()    # 退出系统

    # 系统菜单列表
    sys_menu = ["1:添加员工信息","2:删除员工信息","3:修改员工密码", \
"4:查看员工信息","5:退出管理系统"]
    # 所有员工用户名列表
    users = ["小明","小芳","小敏","张三","李四","王五","赵六"]
    # 所有员工初始密码列表
    passwds= ["000000","000000","000000","000000","000000", \
"000000", "000000"]

    print ("-"*15, "欢迎使用×××员工管理系统", "-"*15)
    inuser = input("管理员:")    # 输入用户名
    inpasswd = input("密  码:")  # 输入密码
    if inuser == "admin" and inpasswd == "admin":  # 验证用户名和密码
        print("登录成功!")
        while True:
            print_sys_menu()    # 调用打印管理菜单信息函数
            menu = input("请输入菜单编号:")
            if menu == "1":
                add_employees()    # 调用添加员工信息函数
            elif menu == "2":
                del_employees()    # 调用删除员工信息函数
            elif menu == "3":
                change_employees()    # 调用修改员工密码函数
            elif menu == "4":
                lookup_employees()    # 调用查看员工信息函数
            elif menu == "5":
                exit_sys()    # 调用退出员工管理系统函数
            else:
```

```
                print("请检查输入是否正确!")
else:
    print("登录失败,请核对管理员账号和密码!")      # 管理员登录失败
```

程序运行结果如图 7－2～图 7－7 所示。

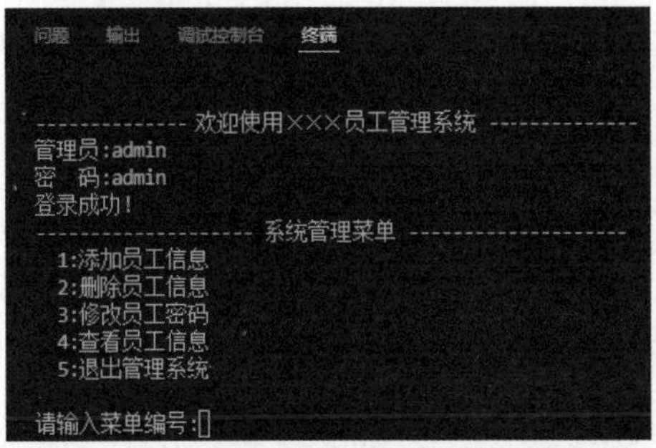

图 7－2　管理员登录及系统菜单

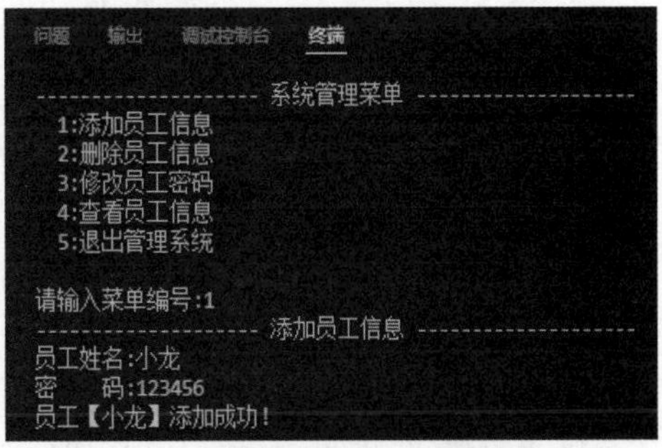

图 7－3　添加员工信息

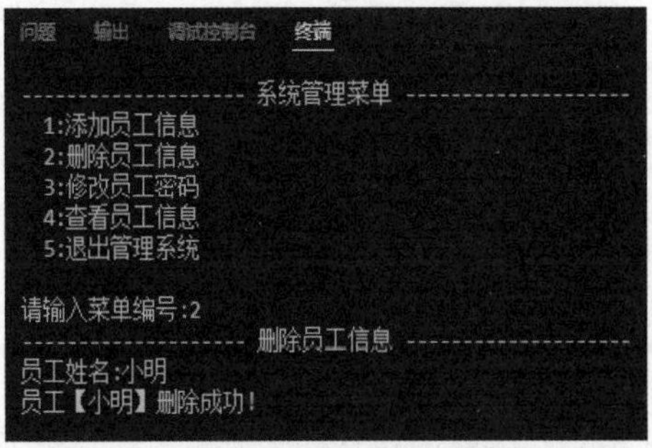

图 7－4　删除员工信息

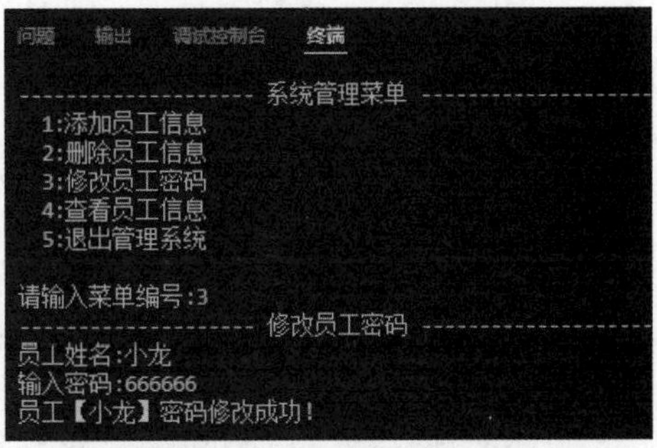

图 7－5　修改员工密码

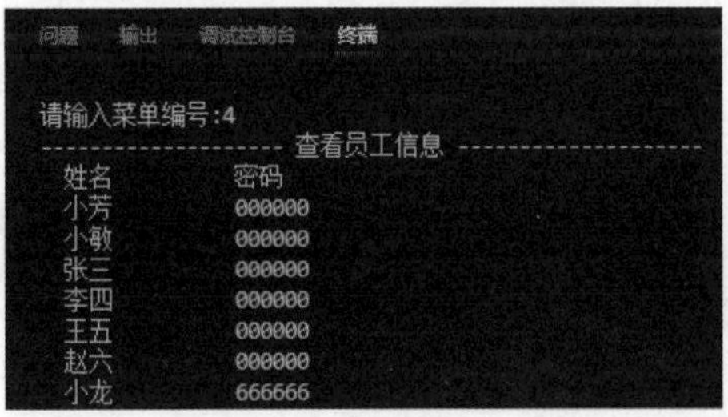

图 7－6　查看员工信息

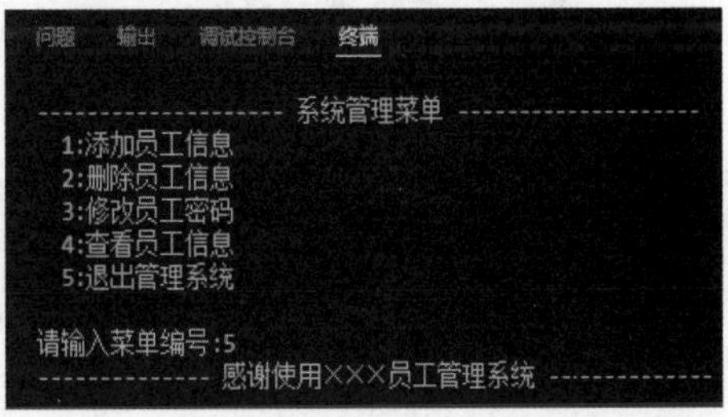

图 7－7　退出管理系统

2. Python 程序综合设计（二）

编写 Python 程序，利用函数模拟实现 ATM 机存取款业务的操作：

① 只有当输入密码正确时，才显示操作菜单界面，并循环提示“请输入操作选项：”。如果输入密码错误，则提示“密码错误，请重新输入！”。

② 操作界面有 5 种操作功能，分别为：按 1 实现“存款”；按 2 实现“取款”；按 3 实现“查询”；按 4 实现“退卡”；按 5 实现“返回”。

【分析】本案例中的验证密码、操作菜单界面、存款、取款和查询等功能均采用函数实现。此外，还运用选择结构和循环结构实现程序设计。

代码清单如下：

```
# 验证密码函数
def login(pwd):
    if pwd == "123456":
        return 1
    else:
        return 0
# 操作菜单界面函数
def show():
    print()
    print(" "*15,"中国××银行 ATM"," "*15)
    print(" - "*50)
    print(" "*5,"1.存款  2.取款  3.查询  4.退卡  5.返回")
    print(" - "*50)
# 存款函数
def save(money):
    save_money = int(input("请输入存款金额:"))
    money = money + save_money
    print("存款成功!\n")
    return money
# 取款函数
def draw(money):
    draw_money = int(input("请输入取款金额:"))
    money = money - draw_money
    print("取款成功!\n")
    return money
# 查询余额函数
def query(money):
    print("账户余额:%d\n" %(money))


rem_money = 10000  # 全局变量,账户余额
```

```
inpwd = input("请输入密码:")
if login(inpwd):   # 验证密码
    show()          # 调用操作菜单函数
    while True:
        menu = input("请输入操作选项:")
        if menu == "1":
            rem_money = save(rem_money)                 # 调用存款函数
        elif menu == "2":
            rem_money = draw(rem_money)                 # 调用取款函数
        elif menu == "3":
            query(rem_money)                            # 调用查询函数
        elif menu == "4":
            print("请取回您的银行卡!")
            break                                       # 退出系统,退卡
        elif menu == "5":
            show()                                      # 返回,显示操作菜单
else:
    print("密码错误,请重新输入!")
```

程序运行结果如图 7－8 所示。

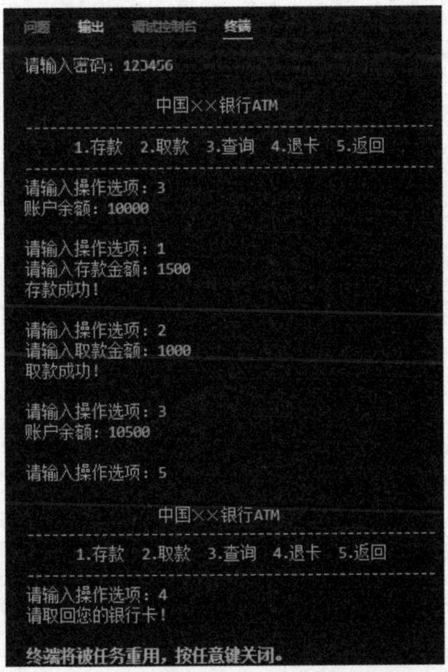

图 7－8　模拟 ATM 机存取款业务操作界面

7.2.5 练习题

1. 编写 Python 程序，利用函数实现在屏幕上输出九九乘法表。

2. 编写 Python 程序，利用函数实现找出列表中的最大值。

3. 编写 Python 程序，利用函数实现具有加、减、乘、除和乘方功能的简易计算器。

4. 编写 Python 程序，利用函数实现一个学生信息管理系统。系统功能要求如下：添加学生、删除学生、修改学生信息、查询学生信息、显示所有学生信息和退出系统。

附录A 常用字符与ASCII码对照表

ASCII码值	字符	ASCII码值	字符	ASCII码值	字符	ASCII码值	字符
0	NUL	32	SP	64	@	96	`
1	SOH	33	!	65	A	97	a
2	STX	34	"	66	B	98	b
3	ETX	35	#	67	C	99	c
4	EOT	36	$	68	D	100	d
5	ENQ	37	%	69	E	101	e
6	ACK	38	&	70	F	102	f
7	BEL	39	'	71	G	103	g
8	BS	40	(	72	H	104	h
9	HT	41	)	73	I	105	i
10	LF	42	*	74	J	106	j
11	VT	43	+	75	K	107	k
12	FF	44	,	76	L	108	l
13	CR	45	–	77	M	109	m
14	SO	46	.	78	N	110	n
15	SI	47	/	79	O	111	o
16	DLE	48	0	80	P	112	p
17	DC1	49	1	81	Q	113	q
18	DC2	50	2	82	R	114	r
19	DC3	51	3	83	S	115	s
20	DC4	52	4	84	T	116	t
21	NAK	53	5	85	U	117	u
22	SYN	54	6	86	V	118	v
23	ETB	55	7	87	W	119	w
24	CAN	56	8	88	X	120	x
25	EM	57	9	89	Y	121	y
26	SUB	58	:	90	Z	122	z
27	ESC	59	;	91	[	123	{
28	FS	60	<	92	\	124	|
29	GS	61	=	93	]	125	}
30	RS	62	>	94	^	126	~
31	US	63	?	95	_	127	DEL

附录B　Python 常用内置函数速查表

Python 常用内置函数如表 B－1～表 B－10 所示。

1. 数学运算函数（7 个）

表 B–1　数学运算函数

函数名称	函数功能
abs()	求数值的绝对值
divmod()	返回两个数值的商和余数
max()	返回可迭代对象中的元素中的最大值或者所有参数的最大值
min()	返回可迭代对象中的元素中的最小值或者所有参数的最小值
pow()	返回两个数值的幂运算值或其与指定整数的模值
round()	对浮点数进行四舍五入求值
sum()	对元素类型是数值的可迭代对象中的每个元素求和

2. 类型转换函数（24 个）

表 B–2　类型转换函数

函数名称	函数功能
bool	根据传入的参数的逻辑值创建一个新的布尔值
int	根据传入的参数创建一个新的整数
float	根据传入的参数创建一个新的浮点数
complex	根据传入的参数创建一个新的复数
str	将传入参数转化为字符串
bytearray	根据传入的参数创建一个新的字节数组
bytes	根据传入的参数创建一个新的不可变字节数组
memoryview	根据传入的参数创建一个新的内存查看对象
ord	返回 Unicode 字符对应的整数
chr	返回整数所对应的 Unicode 字符
bin	将整数转换成二进制字符串
oct	将整数转化成八进制数字符串
hex	将整数转换成十六进制字符串

续表

函数名称	函数功能
tuple	根据传入的参数创建一个新的元组
list	根据传入的参数创建一个新的列表
dict	根据传入的参数创建一个新的字典
range	根据传入的参数创建一个新的 range 对象
set	根据传入的参数创建一个新的集合
frozenset	根据传入的参数创建一个新的不可变集合
enumerate	根据可迭代对象创建枚举对象
iter	根据传入的参数创建一个新的可迭代对象
slice	根据传入的参数创建一个新的切片对象
super	根据传入的参数创建一个新的子类和父类关系的代理对象
object	创建一个新的 object 对象

3. 序列操作函数（8 个）

表 B-3　序列操作函数

函数名称	函数功能
all	判断可迭代对象的每个元素是否都为 True 值
any	判断可迭代对象的元素是否有为 True 值的元素
filter	使用指定方法过滤可迭代对象的元素
map	使用指定方法作用于传入的每个可迭代对象的元素，生成新的可迭代对象
next	返回可迭代对象中的下一个元素值
reversed	反转序列生成新的可迭代对象
sorted	对可迭代对象进行排序，返回一个新的列表
zip	聚合传入的每个迭代器中相同位置的元素，返回一个新的元组类型迭代器

4. 对象操作函数（8 个）

表 B-4　对象操作函数

函数名称	函数功能
help	返回对象的帮助信息
dir	返回对象或者当前作用域内的属性列表
id	返回对象的唯一标识符
hash	获取对象的哈希值

续表

函数名称	函数功能
type	返回对象的类型，或者根据传入的参数创建一个新的类型
len	返回对象的长度
ascii	返回对象的可打印表字符串表现方式
vars	返回当前作用域内的局部变量和其值组成的字典，或者返回对象的属性列表

5. 反射操作函数（8 个）

表 B–5　反射操作函数

函数名称	函数功能
__import__	动态导入模块
isinstance	判断对象是否为类或者类型元组中任意类元素的实例
issubclass	判断类是否为另外一个类或者类型元组中任意类元素的子类
hasattr	检查对象是否含有属性
getattr	获取对象的属性值
setattr	设置对象的属性值
delattr	删除对象的属性
callable	检测对象是否可被调用

6. 变量操作函数（2 个）

表 B–6　变量操作函数

函数名称	函数功能
globals	返回当前作用域内的全局变量和其值组成的字典
locals	返回当前作用域内的局部变量和其值组成的字典

7. 交互操作函数（2 个）

表 B–7　交互操作函数

函数名称	函数功能
print	向标准输出设备输出
input	读取用户输入值

8. 文件操作函数（1 个）

表 B-8　文件操作函数

函数名称	函数功能
open	使用指定的模式和编码打开文件，返回文件读写对象

9. 编译执行函数（5 个）

表 B-9　编译执行函数

函数名称	函数功能
compile	将字符串编译为代码或者 AST 对象，使之能够通过 exec 语句来执行或者通过 eval 语句求值
eval	执行动态表达式求值
exec	执行动态语句块
repr	返回一个对象的字符串表现形式（给解释器）
breakpoint	暂停脚本的执行，允许在程序的内部手动浏览

10. 装饰器函数（3 个）

表 B-10　装饰器函数

函数名称	函数功能
property	标示属性的装饰器
classmethod	标示方法为类方法的装饰器
staticmethod	标示方法为静态方法的装饰器

参考文献

[1] 马瑟斯. Python 编程：从入门到实践[M]. 2 版. 袁国忠，译. 北京：人民邮电出版社，2020.

[2] 沐言科技，李兴华. Python 从入门到项目实战：全程视频版[M]. 北京：中国水利水电出版社，2020.

[3] 明日科技. 零基础学 Python：全彩版[M]. 长春：吉林大学出版社，2018.

[4] 明日科技. Python 编程超级魔卡：全彩版[M]. 长春：吉林大学出版社，2020.

[5] 明日科技. Python 函数参考手册：全彩版[M]. 长春：吉林大学出版社，2020.

[6] 卢茨. Python 学习手册[M]. 秦鹤，林明，译. 北京：机械工业出版社，2018.

[7] 李永华. Python 编程 300 例：快速构建可执行高质量代码[M]. 北京：清华大学出版社，2020.

[8] 拉马略. 流畅的 Python[M]. 安道，吴珂，译. 北京：人民邮电出版社，2017.

[9] 文必龙，杨永. Python 语言程序设计基础[M]. 武汉：华中科技大学出版社，2019.

[10] 策勒. Python 程序设计[M]. 3 版. 王海鹏，译. 北京：人民邮电出版社，2018.

[11] 王国辉，李磊，冯春龙. Python 从入门到项目实践[M]. 长春：吉林大学出版社，2018.

[12] 小甲鱼. 零基础入门学习 Python 微课视频版[M]. 2 版. 北京：清华大学出版社，2019.

[13] 明日科技，王国辉，陈佩峰. Python 从入门到实践[M]. 长春：吉林大学出版社，2020.

[14] 斯维加特. Python 编程快速上手：让繁琐工作自动化[M]. 王海鹏，译. 北京：人民邮电出版社，2021.

[15] 温科特卡姆. Python 极客项目编程[M]. 王海鹏，译. 北京：人民邮电出版社，2017.

[16] 余本国. 基于 Python 的大数据分析基础及实战[M]. 北京：中国水利水电出版社，2018.